工程造价土建算量软件应用

刘建军　主　编

王克伟　孙业珍　副主编

中国建材工业出版社

图书在版编目（CIP）数据

工程造价土建算量软件应用/刘建军主编. —北京：
中国建材工业出版社，2018.5（2019.6重印）
ISBN 978-7-5160-2185-9

Ⅰ.①工… Ⅱ.①刘… Ⅲ.①建筑工程-工程造价-
应用软件－高等职业教育－教材 Ⅳ.①TU723.32-39

中国版本图书馆 CIP 数据核字（2018）第 050771 号

工程造价土建算量软件应用
刘建军 主编

出版发行：中国建材工业出版社
地 址：北京市海淀区三里河路 1 号
邮 编：100044
经 销：全国各地新华书店
印 刷：北京雁林吉兆印刷有限公司
开 本：787mm×1092mm 1/16
印 张：13.75
字 数：220 千字
版 次：2018 年 5 月第 1 版
印 次：2019 年 6 月第 2 次
定 价：**40.00 元**

本社网址：www.jccbs.com 微信公众号：zgjcgycbs
本书如出现印装质量问题，由我社市场营销部负责调换。联系电话：(010)88386906

前　言

  本教材是根据我校汽车工程中心建筑实例进行编写的，分成基础工程量的计算、梁工程量的计算、柱工程量的计算、楼板工程量的计算等若干任务，并详细列出了各分部分项工程量的清单内容。

  本教材兼顾讲授理论知识的同时，更加注重实际项目工程量计算的步骤分析，同时也有工程量计算验证环节。本教材探索出了适用于建筑类部分课程的校本讲义开发思路：以真实建筑项目为主导、以明确的任务为驱动、知识体系内容完整、实施步骤详细全面、过程讲解图文并茂、排版格式准确统一。本书具有很强的实用性、科学性，也能更好地服务于建筑领域工程造价专业的课程教学和人才培养。

编　者

2018 年 2 月

目　　录

项目 1　工程设置与轴网建立

■ **知识目标**
- ◆ 掌握软件的操作界面和工作环境。
- ◆ 掌握算量软件中各个工程构件计算设置的修改。
- ◆ 掌握正交、斜交、圆弧轴网的建立以及轴号、轴距等相关修改操作。
- ◆ 掌握楼层信息的建立和修改操作。

■ **能力目标**
- ◆ 能够应用算量软件进行项目建立、工程设置、计算设置。
- ◆ 能够正确建立轴网，画辅助轴线并进行调整和修改。
- ◆ 能够进行正确的楼层设置和修改操作。

任务 1.1　新建汽车工程中心

1.1.1　工程信息

新建工程的操作步骤如下：

（1）单击广联达 BIM 土建算量软件图标启动软件，弹出"新建向导"窗口，单击"土建算量"中的"新建向导"按钮，如图 1-1 所示。

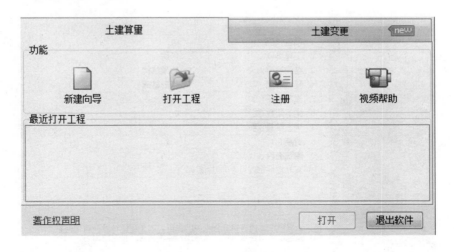

图 1-1　"新建向导"窗口

（2）在"新建工程"对话框中设置工程名称为：汽车工程中心；设置好相应的清单工程量计算规则和定额工程量计算规则；设置清单库和定额库；设置"做法模式"为"纯做法模

式"，如图 1-2 所示。

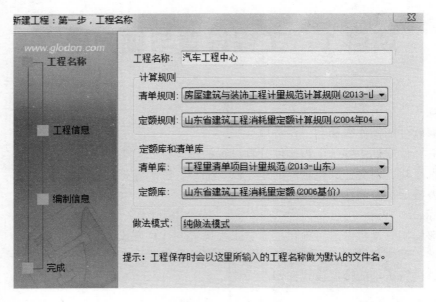

图 1-2　设置工程名称等信息

（3）根据图纸设置好汽车工程中心土建算量的工程信息："项目代码"为"01"，"工程类别"为"厂房"，"结构类型"为"框架架构"，"基础形式"为"条形基础"，"地下层数"为 0，"地上层数"为 2 层，根据图纸中立面图的识图信息设置"檐高"为"9.8m"，"建筑面积"为"3205m²"，室外地坪相对高度为－0.45m，单击"确定"按钮，进入下一步。如图 1-3 所示。

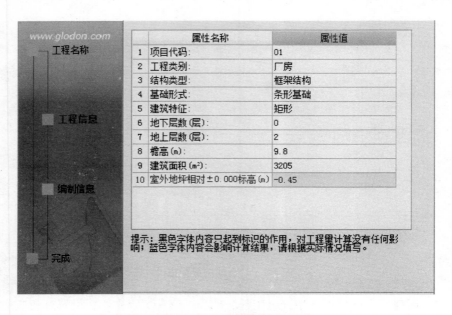

图 1-3　设置中心土建算量的工程信息

1.1.2 楼层设置

楼层高度设置的操作步骤如下：

（1）根据汽车工程中心建筑施工图和结构施工图的识图结果，设置首层底标高为−0.050m，首层层高为 4.2m。

（2）在"首层"上面单击鼠标右键，在弹出的快捷菜单中选择"插入楼层"命令，插入楼层，并把刚插入的楼层命名为"第 2 层"，设置层高为 3.9m，系统自动设置好该楼层的底标高。

（3）在"第 2 层"上面单击鼠标右键，在弹出的快捷菜单中选择"插入楼层"命令，插入楼层，根据图纸识图结果，地面上共 2 层，因此把刚插入的楼层命名为"屋面层"，层高设置为 1.75m，系统自动设置好该楼层的底标高。

（4）识读汽车工程中心结构施工图基础部分，根据识图结果，条形基础底标高为−1.95m，首层底标高为−0.050m，因此设置基础层的层高为 1.9m，如图 1-4 所示。

楼层序号	名称	层高(m)	首层	底标高(m)	相同层数
3	屋面层	1.750	☐	8.050	1
2	第2层	3.900	☐	4.150	1
1	首层	4.200	☑	-0.050	1
0	基础层	1.900		-1.950	1

图 1-4 基础层层高的设置

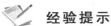 经验提示

（1）基础层高度指的是从基础底标高到首层底标高的高度，不包括垫层的厚度。

（2）假如有地下室，应该在"基础层"上单击鼠标右键，在弹出的快捷菜单中选择"插入楼层"命令，将会插入地下口层。

（3）如果有标准层，可以在相同层数输入框内输入标准楼层的数量，按键盘上的【Enter】键。

任务 1.2 工程轴网建立

1.2.1 新建正交轴网

新建正交轴网的操作步骤如下：

（1）双击"模块导航栏"中"绘图输入"选项下的"轴线"文件夹，双击"轴网"图标，在"新建"下拉菜单中选择"新建"命令，创建一个正交轴网。

（2）在界面的右侧分别输入下开间、左进深、上开间、右进深的标注尺寸，如左进深输入为：500、6500、8000、8000、8000、7000、7000、7000、500，如图 1-5 所示。

（3）在绘图窗口单击工具栏中的"绘图"按钮，弹出插入新建正交轴网角度的输入对话

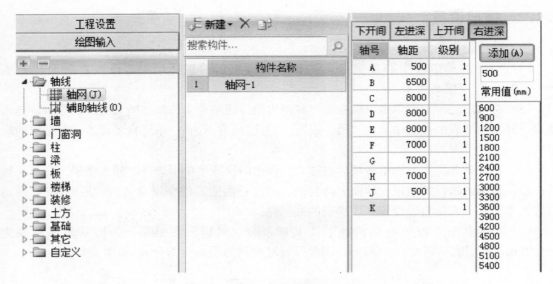

图 1-5　创建正交轴网界面

框，按照默认值不变角度为 0°。单击"确定"按钮，如图 1-6 所示，把新建的正交轴网 1 插入到工作界面中来。

图 1-6　"请输入角度"对话框

1.2.2　修改正交轴网

　　仔细观察识图界面中的正交轴网，与图纸中的轴网进行对比，发现与图纸中的轴网不太一样，原因是图纸中的轴网是上下开间和左右进深均不对称，同时标注的轴号也存在问题。因此，我们需要对新建的正交轴网进行一些修改和调整。

　　单击工具栏中的"修改轴号"按钮，单击所要修改的轴线，弹出修改轴号对话框，在该对话框中输入所要修改的轴号。进行上下开间的轴号修改，上开间轴号变为：1、2、4、5、6、7、8、9、10、11 轴，下开间轴号变为：1、2、3、5、6、7、8、9、10、11 轴。

　　按照同样的方法，对左右进深轴号进行修改，左进深轴号变为：A、B、C、D、E、F、G、J、K、L。右进深轴号变为：A、B、C、D、E、F、H、J、K、L（图 1-7）。

　　单击工具栏中的"修建轴线"按钮，单击鼠标左键选择要剪除的轴线段的修建点，按右键确定。单击要剪除部分的轴线进行修建。分别对 G 轴、H 轴和 3 周、4 周、8 周进行修建轴线处理。

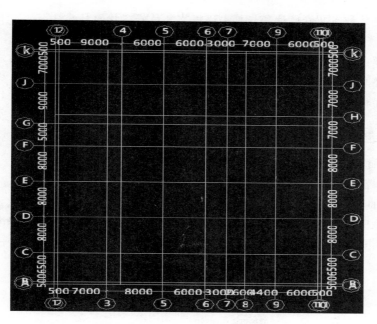

图 1-7　修改上下开间和左右进深

最终得出跟图纸完全一致的正交轴网，如图 1-8 所示。

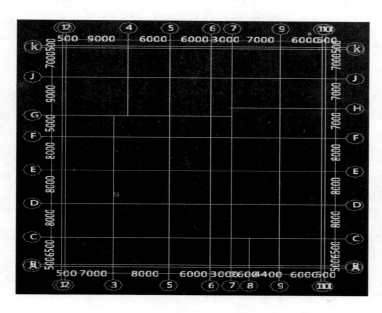

图 1-8　修改一致的正交轴网

经验提示

（1）工具栏中的拉框批量修建轴线可以通过鼠标选择一个区域，在区域范围内的轴线将全部被修建掉。

（2）恢复轴线可以通过鼠标单击逐根恢复被修建掉的轴线。

（3）"修改轴距"按钮可以对绘制完成的轴线之间的距离进行修改，单击某一轴线，在弹出的对话框中输入要调整的轴线距离后单击对话框中的"确定"按钮。

（4）修改轴号位置可以把轴线标记符号的位置进行修改，有起点、终点、交换位置、两端标注和不标注五种选择。

1.2.3 建立辅助轴线

1. 两点辅轴

通过鼠标单击确定的两点之间建立一条辅助轴线。

2. 平行辅轴

单击工具栏中的"平行辅轴"按钮，按照命令提示：按鼠标左键选择基准轴线，弹出图1-9 所示的对话框，在该对话框里面输入辅助轴线的偏移距离和轴号，建立一条平行辅轴。

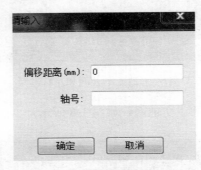

图 1-9　输入偏移距离和轴号

3. 点角辅轴

正交轴网里面的辅助轴线，通过确定一个点和一个角度建立一条斜向的辅助轴线。

4. 轴角辅轴

正交轴网里面的辅助轴线，通过确定一条基准轴线和输入角度建立一条斜向的辅助轴线。

5. 其他辅助轴线

"辅轴"菜单中还包括转角辅轴、三点辅轴、圆形辅轴和圆心起点终点辅轴。它们都是弧形轴网的辅助轴线，使用的时候可以根据命题提示进行操作来建立辅助轴线。

项目 2　　首层框架柱工程量计算

■ 知识目标
　　◆ 掌握框架柱构件属性定义方法和界面环境。
　　◆ 掌握框架柱构件绘制的各种方法和调整修改操作。
　　◆ 掌握框架柱工程量清单的编制和定额套取等相关知识。
　　◆ 掌握工程量的汇总计算与报表预览操作。
■ 能力目标
　　◆ 能够应用算量软件进行框架柱的定义和建模（绘制）。
　　◆ 能够正确编制框架柱工程量清单并套取定额。
　　◆ 能够进行框架柱工程量的计算与预览。

任务 2.1　框架柱的属性定义和绘制

2.1.1　广联达建模顺序

1. 绘图顺序

绘图顺序不同结构，顺序也不一样。

（1）框架结构：柱→梁→板→二次结构→填充墙。

（2）剪力墙结构：剪力墙→门窗洞→暗柱/端柱→暗梁/连梁→板。

（3）框架剪力墙结构：柱→剪力墙→梁→板→砌体墙部分。

（4）砖墙结构：砖墙→门窗洞→构造柱→圈梁→板。

（5）先画地上部分再画地下的基础部分。

2. 导图顺序

结构不同导图先后顺序不同：

（1）砖混结构：宜采用先图形后钢筋的算量方法；因砖混结构更多的工程量在建筑结构，而钢筋工程量配筋较简单。

（2）框架结构：宜采用先钢筋后图形的算量方法；因框架结构计算钢筋量是最繁琐的，所以先算钢筋后，再导入图形，可以大量减少翻阅图纸的次数，更好地提高工作效率。

2.1.2　图纸分析

1. 汽车工程中心框架柱的数量分析

通过详细审查汽车工程中心结构施工图和建筑施工图中的一层柱相关图纸，得知虽然该建筑实体建筑面积不是很大，但是框架柱种类和数量非常多，从 KZ-1 到 KZ-33 一共 33 种框架柱。

2. 汽车工程中心框架柱的分布位置分析

图纸审查的得到另外一个结论是，从位置的角度来讲每一个框架柱都不是以轴线交点中心对称的，而是偏心对称，这对下一步的建模来说比较麻烦。

2.1.3　框架柱 KZ-1 的属性定义和绘制

1. KZ-1 的属性定义

（1）单击展开"模块导航栏"中"绘图输入"选项下的"柱"列表项，双击"柱"图标（图 2-1），在界面右侧"新建"下拉菜单中选择"新建矩形柱"命令，软件自动为创建的矩形柱命名为 KZ-1。

（2）在图 2-2 所示的"属性编辑框"中输入 KZ-1 的相关属性，"类别"选择"框架柱"，"材质"根据图纸审查选择"现浇混凝"，混凝土标号按照结构设计说明中的要求选择 C30，混凝土类型选择碎石＜31.5。

（3）截面宽度和高度分别输入 750。KZ-1 的顶标高和底标高设置为系统默认的"层顶标高"和"层底标高"。

（4）"模板类型"选择"木模板"，"支撑类型"选择为"木支撑"。

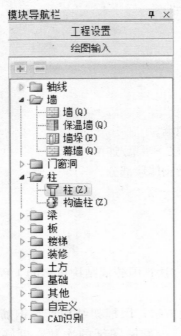

图 2-1　单击"柱"图标

图 2-2　设置属性编辑框

2. KZ-1 的绘制

（1）框架柱的绘制方法如图 2-3 所示有多种。其中，"点"是以轴线的交点中心对称绘制柱；"旋转点"是按照一定角度绘制并不是正交绘制柱；"智能布置"是按照轴线、梁、墙、基础中心线等参照来快速绘制框架柱；"按墙位置绘制柱"和"调整柱端头"适用于异型柱或者构造柱。

图 2-3　框架柱的绘制方法图标

（2）通过识图发现，KZ-1 不是以轴线交点中心对称，而是偏心对称，针对这种情况我们有三种处理方法：

①选择点绘图方法，按住 shift 键单击轴线交点，弹出"输入偏移量"对话框，在该对话框中输入偏移量，如图 2-4 所示，单击"确定"按钮完成框架柱绘制。

②选择点绘图方法绘制完框架柱，然后单击工具栏中的"移动"按钮，根据命令提示对绘制完成的框架柱进行位置移动。

③选择点绘图方法绘制完框架柱，然后单击工具栏中的"设置偏心柱"按钮，在 KZ-1 上单击，输入偏心的数值完成位置调整，如图 2-5 所示。

图 2-4　"输入偏移量"对话框

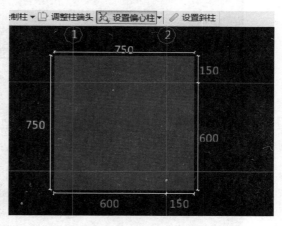

图 2-5　设置偏心柱

2.1.4　其他框架柱的属性定义和绘制

1. A 轴上面其他框架柱的定义和绘制

因为其他框架柱的属性跟 KZ-1 大同小异，主要是尺寸方面存在不同，在土建算量中配筋的不同不需要考虑，因此右击构件列表 KZ-1，在弹出的菜单中选择"复制"命令创建下一个框架柱的构件名称。如图 2-6 所示，修改构件的有关属性即可完成新的构件设置，不用逐个单击新建下拉列表项单个新建产生。

2. 公有属性和私有属性

构件的公有属性在构建属性中修改，无论已画和将画的构件都可以进行参数的修改，是蓝色字体。公有属性可以在构件画好后再修改，比如钢筋型号等；有几道同名称梁，钢筋修改后同时修改，可在构件管理中修改。

图 2-6　创建其他的框架柱

私有属性在构件定义处进行修改，原来已画好的图元不能修改；在构件属性编辑处修改，只能改变选择的图元，私有属性当然是针对某一构件进行修改，比如那几道同名称梁，有的梁标高或截面不同，可以在绘图界面选择这道梁后右击属性编辑器，选择相应的命令进行修改，只对当前构件有效，用黑色字体表示。

（1）如果只在属性中修改，则将画的构件进行改变，已画的不变。

（2）如果修改已画构件的属性，则必须到绘图界面，选中已画图元进行"构件属性"修改。

3. 其他框架柱的属性定义及绘制

按照步骤和要求，首先完成 A 轴上的框架柱绘制，然后完成轴网从 KZ-1 到 KZ-33 所有框架柱的属性定义和绘制，如图 2-7 所示。

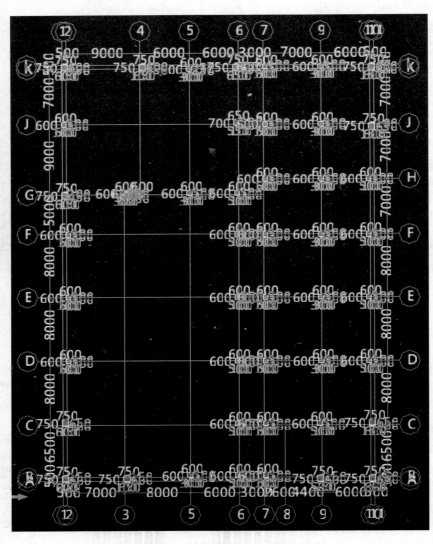

图 2-7　完成所有框架柱的绘制

经验提示

在绘制其他框架柱的时候恰当使用复制、镜像等修改命令会起到事半功倍的效果。

例如，E 轴与 D 轴上面的框架柱完全相同，在 D 轴上完成框架柱绘制后，可以将其镜像到 E 轴上面，具体操作步骤如下：

（1）框选 D 轴上面所有框架柱 KZ-11～KZ-15，右击确定。

（2）确定两条轴线之间的中线作为镜像线，即单击或通过偏移确定第一个中心点为镜像线的起点，通过其垂点确定镜像线终点。

（3）选择不删除原构件图元完成镜像操作。

（4）适当用复制操作完成构件图元的复制，要确定好复制的基点。

2.1.5 广联达异型柱的属性定义和绘制

1. 异型柱的定义

异型柱是指在满足结构刚度和承载力等要求的前提下，根据建筑使用功能、建筑设计布置的要求而采取不同几何形状截面的柱，诸如：T、L、十字形等形状截面的柱，且截面各肢的肢高肢厚比不大于 4 的柱。异型柱各肢肢长，可能相等，或不相等，但提倡采用等肢异型柱。抗震设计时宜采用等肢异型柱，当不得不采用不等肢异型柱时，柱两肢的肢高比不宜超过 1.6，且肢厚相差不大于 50mm。建筑界所讲的"异型柱"，特点是截面肢薄，由此引起构件性能与矩形柱的性能包括受力、变形、构造做法等产生一系列差异。制定的规程主要是针对肢厚 200mm、250mm 的异型柱。其形式与短墙肢相似，若肢较长就称短墙肢，很难划分两者的界限。异型柱应用在 7 度设防以下。在同一截面内，纵向受力钢筋宜采用相同直径，其直径不应小于 14mm，且不应大于 25mm。内折角处应设置纵向受力钢筋，纵向受力钢筋的间距：二、三级抗震等级不宜大于 200mm；四级不宜大于 250mm；非抗震设计不宜大于 300mm。当纵向受力钢筋的间距不能满足上述要求时，应设置纵向构造钢筋，其直径不应小于 12mm，并应设置拉筋，拉筋间距应与箍筋间距相同。

2. 异型柱在住宅建筑框架结构中的应用

采用框架结构对七层以上建筑的抗震设防更为有利。但是，传统的框架结构柱子都采用矩形截面。所以不能完全被墙体所包围，柱角很大一部分露在房间内部，使得家具摆设、室内布置受到一定限制，特别是对小面积住宅的影响更明显，用户深感不便。人们普遍希望框架结构的住宅也能像砖混结构一样房间内部四角平整光滑、整齐美观、空间使用不受限制，这就给设计提出了新的要求。为了把柱子与墙体结合起来，可以设计几种截面形状的角柱，与通常的砖墙厚度一致。这样既解决了柱角凸出墙的问题，又取得了良好的使用效果。

3. 软件中的异型柱的定义和绘制

操作步骤如下：

（1）新建异型柱，在自动弹出对话框中定义网格。

（2）在定义好的网格内点正交按钮然后依次输入相应柱各角部顶点坐标画出柱边框图后按确定按钮（图 2-8）。

（3）输入此异型柱各相应参数。

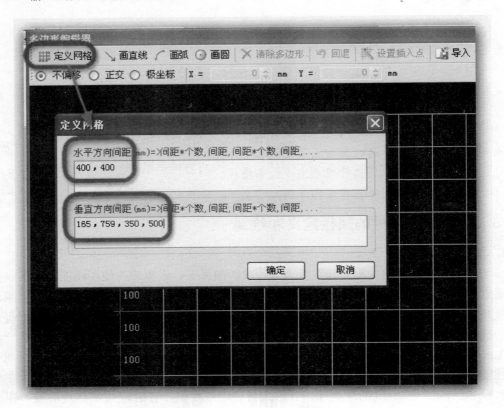

图 2-8　"定义网络"对话框

4. 软件中的参数化柱的定义和绘制

操作步骤如下：

（1）新建参数化柱。

（2）在"截面类型"对话框中选择截面的形式。

（3）在对话框中输入此参数化柱各相应参数。

任务 2.2　首层框架柱的工程量清单编制和定额套取

2.2.1　框架柱 KZ-1 的工程量清单编制和定额套取

（1）在绘图窗口界面单击工具栏中的框架柱"定义"按钮，然后单击构件列表右边的"添加清单"按钮，展开清单编辑输入界面，如图 2-9 所示。

（2）在图 2-10 所示的查询匹配清单、查询匹配定额、查询清单库、查询定额库、查询措施等项目来完成框架柱工程量清单的编制和定额套取。

①匹配的清单和定额是软件开发者为了方便用户，快速找到合适的项目而设计的。不是百分百准确的，还应按本工程的实际的情况设置。

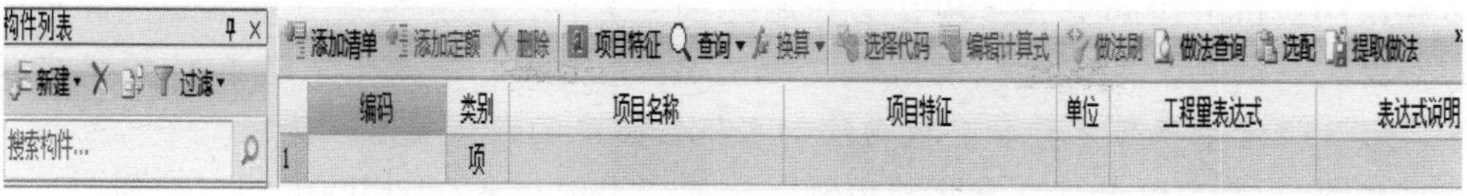

图 2-9　清单编辑输入界面

②当匹配是空白时，或者没有合适的列项，可直接用查询功能在查询清单库、查询定额库里面查找。

③只要清单工程的特征、做法、构造、材料不同，清单一般编写也不同，所套定额也不同，即使某些情况套相同的定额，肯定也会对定额进行替换调整或其他调整。

示意图　查询匹配清单　查询匹配定额　查询清单库　查询匹配外部清单　查询措施　查询定额库

	编码	清单项	单位
1	010401009	实心砖柱	m^3
2	010401010	多孔砖柱	m^3
3	010402002	砌块柱	m^3
4	010403005	石柱	m^3
5	010502001	矩形柱	m^3
6	010502003	异形柱	m^3
7	010509001	矩形柱	m^3/根
8	010509002	异形柱	m^3/根
9	011702002	矩形柱	m^2
10	011702004	异形柱	m^2

图 2-10　查询匹配清单等功能

(3) 在图 2-9 中找到匹配的清单项“010502001”，双击添加到图 2-8 清单编码中，因为完整的清单编码为 12 位，在 9 位清单编码后面再输入 001，完成对框架柱 KZ-1 的清单编码的填写。

(4) 输入项目名称和项目特征：C30，750×750，现浇混凝土框架柱，完成对矩形柱 01 工程量清单编制，如图 2-11 所示。

编码	类别	项目名称	项目特征	单位	工程量表达式	表达式说明
010502001001	项	矩形柱01	C30, 750*750, 现浇混凝土框架柱	m^3	TJ	TJ<体积>

图 2-11　矩形柱 01 工程量清单

经验提示

(1) 分部分项工程量清单的编制，首先要实行四统一的原则，即统一项目编码、统一项目名称、统一计量单位、统一工程量计算规则。在四统一的前提下编制清单项目。

(2) 分部分项工程量清单应包括项目编码、项目名称、项目特征、计量单位和工程数量五个部分。清单编码以 12 位阿拉伯数字表示。其中 1、2 位是专业工程顺序码，3、4 位是附录顺序码，5、6 位是分部工程顺序码，7、8、9 是分项工作顺序码，10、11、12 位是清单项目名称顺序码。其中，前 9 位是《清单规范》给定的全国统一编码，根据规范附录 A、附录 B、附录 C、附录 D、附录 E 的规定设置，后 3 位清单项目名称顺序码由编制人根据图纸的设计要求设置。

（3）在图 2-12 中单击"查询匹配定额"选项，出现与 KZ-1 相匹配的定额列项，找到定额 4-2-17，双击添加到清单里面，如图 2-13 所示。

编码	名称	单位	单价
3-1-2	M5.0混浆矩形砖柱周长1.2m内	10m³	3807.33
3-1-3	M5.0混浆矩形砖柱周长1.8m内	10m³	3668.43
3-1-4	M5.0混浆矩形砖柱周长>1.8m	10m³	3308.37
3-1-5	M5.0混浆异形砖柱	10m³	4195.25
3-2-12	M5.0混浆方整石柱	10m³	6596.76
4-2-17	C254现浇矩形柱	10m³	3439.33
4-2-18	C254现浇圆形柱	10m³	3360.11
4-2-19	C254现浇异形柱	10m³	3739.94
4-3-2	C254预制混凝土矩形柱	10m³	2652.27
4-3-3	C254预制混凝土异形柱	10m³	2636.72

图 2-12　选择匹配定额中的编码

编码	类别	项目名称	项目特征	单位
010502001001	项	矩形柱01	C30,750*750,现浇混凝土框架柱	m³
4-2-17	定	C254现浇矩形柱		m³

图 2-13　添加信息后的清单

注意：定额和清单是融为一体、不能分离的两个组成部分，清单为工程量的列项，定额计算出人工、材料、机械等具体的消耗量。

2.2.2　做法刷的使用方法

多种构件（如独立基础 1、2、3……，KZ-1、2、3……）的特征和做法相同，即可编制为一个清单项。只要是相同清单项，其特征、做法和所套定额（一个或多个）必须一致。但是光定额相同，清单项不一定相同，如相同的消耗量定额使用的混凝土标号不同。

通过审查得知首层框架柱中 KZ-1、KZ-2、KZ-6、KZ-7、KZ-8、KZ-10、KZ-19、KZ-26、KZ-28、KZ-29、KZ-30、KZ-33 尺寸特征相同，都为 750×750，其他特征如混凝土标号的特征也相同，它们可以编为一个清单项。

选中 KZ-1 右边的清单项和所套取的定额项，单击工具栏的"做法刷"按钮，弹出如图 2-14 所示的窗口，在左侧列表窗口中选中 KZ-2、KZ-6、KZ-7、KZ-8、KZ-10、KZ-19、KZ-26、KZ-28、KZ-29、KZ-30、KZ-33 前面的复选框。单击"确定"按钮。

（1）做法刷可以只复制清单项，也可以只复制定额项，也可以同时复制清单项和定额项（或者选中的部分定额项）。

（2）覆盖是指覆盖掉该构件图元原来的清单及定额子目。追加是指保持当前构件图元原来的清单定额子目前提下添加其他清单定额子目。

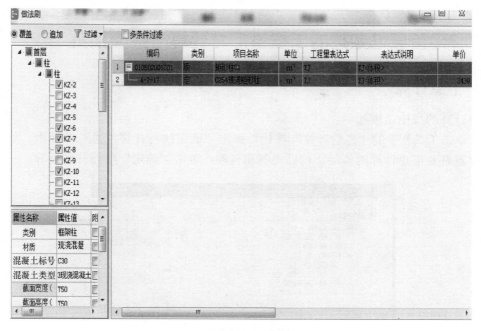

图 2-14　"做法刷"窗口

2.2.3　完成其他框架柱工程量清单的编制和定额套取

使用"做法刷"功能把前面 KZ-1 的清单项和定额刷到 KZ-3 中，因为 KZ-3 的尺寸为 600×600，特征与前者不同，如图 2-15 所示，可以创建另外一项工程量清单，修改其名称和特征。

编码	类别	项目名称	项目特征	单位
010502001002	项	矩形柱02	C30,600*600,现浇混凝土框架柱	m³
4-2-17	定	C254现浇矩形柱		m³

图 2-15　010502001002 清单

把 KZ-3 的清单和定额子目通过"做法刷"功能复制到构件尺寸同为 600×600 的其他框架柱上，如：KZ-4、KZ-5、KZ-9、KZ-11、KZ-12、KZ-13、KZ-14、KZ-15、KZ-16、KZ-17、KZ-18、KZ-20、KZ-21、KZ-22、KZ-23、KZ-25、KZ-27、KZ-31、KZ-32。它们同为一个清单。

框架柱 KZ-24 尺寸为 650×700，因为构造尺寸特征与前两个清单不同，可以再单独创建一个清单项为 010502001003，用"做法刷"功能把前两个清单项之一复制到 KZ-24 中，修改其清单编码、项目名称和特征，完成清单编码，如图 2-16 所示。

编码	类别	项目名称	项目特征	单位
010502001003	项	矩形柱03	C30,650*700,现浇混凝土框架柱	m³
4-2-17	定	C254现浇矩形柱		m³

图 2-16　010502001003 清单

任务 2.3 首层框架柱的工程量汇总计算与报表预览

2.3.1 汇总计算

汇总计算的操作步骤如下：

（1）单击工具栏中的"汇总计算"按钮，弹出"确定执行计算汇总"对话框，如图 2-17 所示，设置好要汇总计算的楼层、构件类型和名称，单击"确定"按钮开始计算。

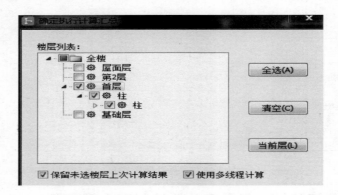

图 2-17 "确定执行计算汇总"对话框

（2）查看单个构件图元工程量。

选择某一个框架柱图元，单击工具栏中的"查看工程量"按钮，弹出如图 2-18 所示的窗口，窗口中显示要汇总楼层的信息。

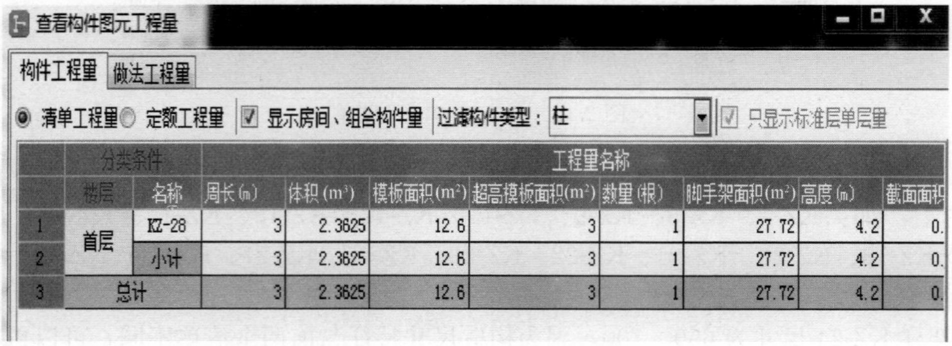

分类条件		工程量名称						
楼层	名称	周长(m)	体积(m³)	模板面积(m²)	超高模板面积(m²)	数量(根)	脚手架面积(m²)	高度(m)	截面面积
1	首层	KZ-28	3	2.3625	12.6	3	1	27.72	4.2	0.
2		小计	3	2.3625	12.6	3	1	27.72	4.2	0.
3	总计		3	2.3625	12.6	3	1	27.72	4.2	0.

图 2-18 "查看构件图元工程量"窗口

（3）批量查看多个构件图元工程量。

在键盘上按 F3 快捷键，弹出"批量选择构件图元"窗口，如图 2-19 所示，选中所要查看工程量的多个构件图元，再单击工具栏中的"查看工程量"按钮即可查看选中构件图元的相关信息。

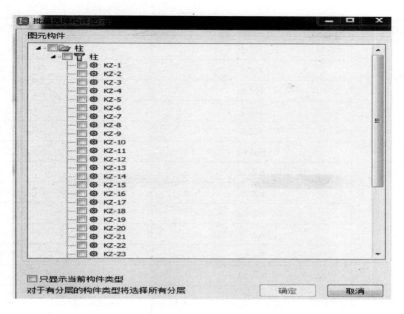

图 2-19　"批量选择构件图元"窗口

2.3.2　首层框架柱工程量报表预览

1. 做法汇总分析部分报表

（1）清单汇总表如表 2-1 所示。

表 2-1　清单汇总表

序号	编码	项目名称	单位	工程量
1	010502001001	矩形柱 01 C30，750×750，现浇混凝土框架柱	m³	28.35
2	010502001002	矩形柱 02 C30，600×600，现浇混凝土框架柱	m³	51.408
3	010502001003	矩形柱 03 C30，650×700，现浇混凝土框架柱	m³	1.911

（2）清单构件明细表如表 2-2 所示。

表 2-2　清单构件明细表

序号	编码/楼层	项目名称/构件名称	单位	工程量
1	010502001001	矩形柱 01 C30，750×750，现浇混凝土框架柱	m³	28.35

续表

序号	编码/楼层	项目名称/构件名称	单位	工程量
绘图 输入	首层	KZ-1	m³	2.3625
		KZ-2	m³	2.3625
		KZ-6	m³	2.3625
		KZ-7	m³	2.3625
		KZ-8	m³	2.3625
		KZ-10	m³	2.3625
		KZ-19	m³	2.3625
		KZ-26	m³	2.3625
		KZ-28	m³	2.3625
		KZ-29	m³	2.3625
		KZ-30	m³	2.3625
		KZ-33	m³	2.3625
		小计	m³	28.35
	合计		m³	28.35
2	010502001002	矩形柱 02 C30，600×600，现浇混凝土框架柱	m³	51.408
绘图 输入	首层	KZ-3	m³	1.512
		KZ-4	m³	4.536
		KZ-5	m³	3.024
		KZ-9	m³	1.512
		KZ-11	m³	3.024
		KZ-12	m³	3.024
		KZ-13	m³	3.024
		KZ-14	m³	7.56
		KZ-15	m³	6.048
		KZ-16	m³	1.512
		KZ-17	m³	1.512
		KZ-18	m³	1.512
		KZ-20	m³	3.024
		KZ-21	m³	1.512
		KZ-22	m³	1.512
		KZ-23	m³	1.512
		KZ-25	m³	1.512
		KZ-27	m³	1.512
		KZ-31	m³	1.512
		KZ-32	m³	1.512
		小计	m³	51.408
	合计		m³	51.408

续表

序号	编码/楼层	项目名称/构件名称	单位	工程量
3	010502001003	矩形柱 03 C30，650×700，现浇混凝土框架柱	m³	1.911
绘图 输入	首层	KZ-24	m³	1.911
		小计	m³	1.911
		合计	m³	1.911

（3）清单定额汇总表如表 2-3 所示。

表 2-3 清单定额汇总表

序号	编码	项目名称	单位	工程量
1	010502001001	矩形柱 01 C30，750×750，现浇混凝土框架柱	m³	28.35
	4-2-17	C254 现浇矩形柱	10m³	2.835
2	010502001002	矩形柱 02 C30，600×600，现浇混凝土框架柱	m³	51.408
	4-2-17	C254 现浇矩形柱	10m³	5.1408
3	010502001003	矩形柱 03 C30，650×700，现浇混凝土框架柱	m³	1.911
	4-2-17	C254 现浇矩形柱	10m³	0.1911

（4）构件做法汇总表如表 2-4 所示。

表 2-4 构件做法汇总表

编码	项目名称	单位	工程量	表达式说明
绘图输入→首层				
一、柱				
KZ-1				
010502001001	矩形柱 01 C30，750×750，现浇混凝土框架柱	m³	2.3625	TJ〈体积〉
4-2-17	C254 现浇矩形柱	10m³	0.2363	TJ〈体积〉
KZ-2				
010502001001	矩形柱 01 C30，750×750，现浇混凝土框架柱	m³	2.3625	TJ〈体积〉
4-2-17	C254 现浇矩形柱	10m³	0.2363	TJ〈体积〉
KZ-3				
010502001002	矩形柱 02 C30，600×600，现浇混凝土框架柱	m³	1.512	TJ〈体积〉
4-2-17	C254 现浇矩形柱	10m³	0.1512	TJ〈体积〉

续表

编码	项目名称	单位	工程量	表达式说明
KZ-4				
010502001002	矩形柱 02 C30，600×600，现浇混凝土框架柱	m³	4.536	TJ〈体积〉
4-2-17	C254 现浇矩形柱	10m³	0.4536	TJ〈体积〉
KZ-5				
010502001002	矩形柱 02 C30，600×600，现浇混凝土框架柱	m³	3.024	TJ〈体积〉
4-2-17	C254 现浇矩形柱	10m³	0.3024	TJ〈体积〉
KZ-6				
010502001001	矩形柱 01 30，750×750，现浇混凝土框架柱	m³	2.3625	TJ〈体积〉
4-2-17	C254 现浇矩形柱	10m³	0.2363	TJ〈体积〉
KZ-7				
010502001001	矩形柱 01 30，750×750，现浇混凝土框架柱	m³	2.3625	TJ〈体积〉
4-2-17	C254 现浇矩形柱	10m³	0.2363	TJ〈体积〉
KZ-8				
010502001001	矩形柱 01 30，750×750，现浇混凝土框架柱	m³	2.3625	TJ〈体积〉
4-2-17	C254 现浇矩形柱	10m³	0.2363	TJ〈体积〉
KZ-9				
010502001002	矩形柱 02 C30，600×600，现浇混凝土框架柱	m³	1.512	TJ〈体积〉
4-2-17	C254 现浇矩形柱	10m³	0.1512	TJ〈体积〉
KZ-10				
010502001001	矩形柱 01 C30，750×750，现浇混凝土框架柱	m³	2.3625	TJ〈体积〉
4-2-17	C254 现浇矩形柱	10m³	0.2363	TJ〈体积〉
KZ-11				
010502001002	矩形柱 02 C30，600×600，现浇混凝土框架柱	m³	3.024	TJ〈体积〉
4-2-17	C254 现浇矩形柱	10m³	0.3024	TJ〈体积〉
KZ-12				
010502001002	矩形柱 02 C30，600×600，现浇混凝土框架柱	m³	3.024	TJ〈体积〉
4-2-17	C254 现浇矩形柱	10m³	0.3024	TJ〈体积〉
KZ-13				
010502001002	矩形柱 02 C30，600×600，现浇混凝土框架柱	m³	3.024	TJ〈体积〉

续表

编码	项目名称	单位	工程量	表达式说明
4-2-17	C254 现浇矩形柱	10m³	0.3024	TJ〈体积〉
KZ-14				
010502001002	矩形柱 02 C30，600×600，现浇混凝土框架柱	m³	7.56	TJ〈体积〉
4-2-17	C254 现浇矩形柱	10m³	0.756	TJ〈体积〉
KZ-15				
010502001002	矩形柱 02 C30，600×600，现浇混凝土框架柱	m³	6.048	TJ〈体积〉
4-2-17	C254 现浇矩形柱	10m³	0.6048	TJ〈体积〉
KZ-16				
010502001002	矩形柱 02 C30，600×600，现浇混凝土框架柱	m³	1.512	TJ〈体积〉
4-2-17	C254 现浇矩形柱	10m³	0.1512	TJ〈体积〉
KZ-17				
010502001002	矩形柱 02 C30，600×600，现浇混凝土框架柱	m³	1.512	TJ〈体积〉
4-2-17	C254 现浇矩形柱	10m³	0.1512	TJ〈体积〉
KZ-18				
010502001002	矩形柱 02 C30，600×600，现浇混凝土框架柱	m³	1.512	TJ〈体积〉
4-2-17	C254 现浇矩形柱	10m³	0.1512	TJ〈体积〉
KZ-19				
010502001001	矩形柱 01 C30，750×750，现浇混凝土框架柱	m³	2.3625	TJ〈体积〉
4-2-17	C254 现浇矩形柱	10m³	0.2363	TJ〈体积〉
KZ-20				
010502001002	矩形柱 02 C30，600×600，现浇混凝土框架柱	m³	3.024	TJ〈体积〉
4-2-17	C254 现浇矩形柱	10m³	0.3024	TJ〈体积〉
KZ-21				
010502001002	矩形柱 02 C30，600×600，现浇混凝土框架柱	m³	1.512	TJ〈体积〉
4-2-17	C254 现浇矩形柱	10m³	0.1512	TJ〈体积〉
KZ-22				
010502001002	矩形柱 02 C30，600×600，现浇混凝土框架柱	m³	1.512	TJ〈体积〉
4-2-17	C254 现浇矩形柱	10m³	0.1512	TJ〈体积〉
KZ-23				

续表

编码	项目名称	单位	工程量	表达式说明
010502001002	矩形柱 02 C30，600×600，现浇混凝土框架柱	m³	1.512	TJ〈体积〉
4-2-17	C254 现浇矩形柱	10m³	0.1512	TJ〈体积〉
KZ-24				
010502001003	矩形柱 03 C30，650×700，现浇混凝土框架柱	m³	1.911	TJ〈体积〉
4-2-17	C254 现浇矩形柱	10m³	0.1911	TJ〈体积〉
KZ-25				
010502001002	矩形柱 02 C30，600×600，现浇混凝土框架柱	m³	1.512	TJ〈体积〉
4-2-17	C254 现浇矩形柱	10m³	0.1512	TJ〈体积〉
KZ-26				
010502001001	矩形柱 01 C30，750×750，现浇混凝土框架柱	m³	2.3625	TJ〈体积〉
4-2-17	C254 现浇矩形柱	10m³	0.2363	TJ〈体积〉
KZ-27				
010502001002	矩形柱 02 C30，600×600，现浇混凝土框架柱	m³	1.512	TJ〈体积〉
4-2-17	C254 现浇矩形柱	10m³	0.1512	TJ〈体积〉
KZ-28				
010502001001	矩形柱 01 C30，750×750，现浇混凝土框架柱	m³	2.3625	TJ〈体积〉
4-2-17	C254 现浇矩形柱	10m³	0.2363	TJ〈体积〉
KZ-29				
010502001001	矩形柱 01 C30，750×750，现浇混凝土框架柱	m³	2.3625	TJ〈体积〉
4-2-17	C254 现浇矩形柱	10m³	0.2363	TJ〈体积〉
KZ-30				
010502001001	矩形柱 01 C30，750×750，现浇混凝土框架柱	m³	2.3625	TJ〈体积〉
4-2-17	C254 现浇矩形柱	10m³	0.2363	TJ〈体积〉
KZ-31				
010502001002	矩形柱 02 C30，600×600，现浇混凝土框架柱	m³	1.512	TJ〈体积〉
4-2-17	C254 现浇矩形柱	10m³	0.1512	TJ〈体积〉
KZ-32				
010502001002	矩形柱 02 C30，600×600，现浇混凝土框架柱	m³	1.512	TJ〈体积〉
4-2-17	C254 现浇矩形柱	10m³	0.1512	TJ〈体积〉

续表

编码	项目名称	单位	工程量	表达式说明
KZ-33				
010502001001	矩形柱 01 C30，750×750，现浇混凝土框架柱	m³	2.3625	TJ〈体积〉
4-2-17	C254 现浇矩形柱	10m³	0.2363	TJ〈体积〉

2. 构件汇总分析

绘图输入工程量汇总表如表 2-5 所示。

表 2-5   绘图输入工程量汇总表

楼层	构件名称	工程量名称							
		周长（m）	体积（m³）	模板面积（m²）	超高模板面积（m²）	数量（根）	脚手架面积（m²）	高度（m）	截面面积（m²）
首层	KZ-1	3	2.3625	12.6	3	1	27.72	4.2	0.5625
	KZ-2	3	2.3625	12.6	3	1	27.72	4.2	0.5625
	KZ-3	2.4	1.512	10.08	2.4	1	25.2	4.2	0.36
	KZ-4	2.4	4.536	30.24	7.2	3	75.6	12.6	1.08
	KZ-5	2.4	3.024	20.16	4.8	2	50.4	8.4	0.72
	KZ-6	3	2.3625	12.6	3	1	27.72	4.2	0.5625
	KZ-7	3	2.3625	12.6	3	1	27.72	4.2	0.5625
	KZ-8	3	2.3625	12.6	3	1	27.72	4.2	0.5625
	KZ-9	2.4	1.512	10.08	2.4	1	25.2	4.2	0.36
	KZ-10	3	2.3625	12.6	3	1	27.72	4.2	0.5625
	KZ-11	2.4	3.024	20.16	4.8	2	50.4	8.4	0.72
	KZ-12	2.4	3.024	20.16	4.8	2	50.4	8.4	0.72
	KZ-13	2.4	3.024	20.16	4.8	2	50.4	8.4	0.72
	KZ-14	2.4	7.56	50.4	12	5	126	21	1.8
	KZ-15	2.4	6.048	40.32	9.6	4	100.8	16.8	1.44
	KZ-16	2.4	1.512	10.08	2.4	1	25.2	4.2	0.36
	KZ-17	2.4	1.512	10.08	2.4	1	25.2	4.2	0.36
	KZ-18	2.4	1.512	10.08	2.4	1	25.2	4.2	0.36
	KZ-19	3	2.3625	12.6	3	1	27.72	4.2	0.5625
	KZ-20	2.4	3.024	20.16	4.8	2	50.4	8.4	0.72
	KZ-21	2.4	1.512	10.08	2.4	1	25.2	4.2	0.36
	KZ-22	2.4	1.512	10.08	2.4	1	25.2	4.2	0.36
	KZ-23	2.4	1.512	10.08	2.4	1	25.2	4.2	0.36
	KZ-24	2.7	1.911	11.34	2.7	1	26.46	4.2	0.455
	KZ-25	2.4	1.512	10.08	2.4	1	25.2	4.2	0.36
	KZ-26	3	2.3625	12.6	3	1	27.72	4.2	0.5625
	KZ-27	2.4	1.512	10.08	2.4	1	25.2	4.2	0.36
	KZ-28	3	2.3625	12.6	3	1	27.72	4.2	0.5625
	KZ-29	3	2.3625	12.6	3	1	27.72	4.2	0.5625
	KZ-30	3	2.3625	12.6	3	1	27.72	4.2	0.5625
	KZ-31	2.4	1.512	10.08	2.4	1	25.2	4.2	0.36
	KZ-32	2.4	1.512	10.08	2.4	1	25.2	4.2	0.36
	KZ-33	3	2.3625	12.6	3	1	27.72	4.2	0.5625
	小计	86.7	81.669	505.26	120.3	47	1215.9	197.4	19.445
合计		86.7	81.669	505.26	120.3	47	1215.9	197.4	19.445

项目3　首层框架梁工程量计算

■ **知识目标**
- ◆ 掌握框架梁构件属性定义方法和界面环境。
- ◆ 掌握框架梁构件绘制的各种方法和调整修改操作。
- ◆ 掌握框架梁工程量清单的编制和定额套取相关知识。
- ◆ 掌握框架梁工程量的汇总计算与报表预览操作。

■ **能力目标**
- ◆ 能够应用算量软件进行框架梁的定义和建模（绘制）。
- ◆ 能够正确编制框架梁工程量清单并套取定额。
- ◆ 能够进行框架梁工程量的计算与预览。

任务 3.1　框架梁的属性定义和绘制

3.1.1　框架梁 KL-1 的属性定义和绘制

1. KL-1 的属性定义

单击"模块导航栏"中"绘图输入"选项下的"梁"列表项，双击"梁"图标，如图 3-1 所示，在界面右侧"新建"下拉菜单中选择"新建矩形梁"命令，软件自动将创建的梁命名为 KL-1。

在图 3-2 的"属性编辑框"中输入 KL-1 的相关属性，类别选择框架梁和单梁，材质根

图 3-1　梁图标　　　　　　　图 3-2　KL-1 属性设置

据图纸审查选择现浇混凝，混凝土强度等级按照结构设计说明中的要求选择 C30，混凝土类型选择碎石＜31.5。

梁的截面宽度和截面高度尺寸分别输入 240、800。因为梁属于线性构件，KL-1 的起点顶标高和终点顶标高设置为系统默认的层顶标高。

模板类型选择"木模板"，"支撑类型"选择为"木支撑"。

2. KL-1 的绘制

框架梁的绘制方法如图 3-3 所示有多种。其中，"直线"是以轴线的交点为中心或者以构件的中心为起点通过直线的方式捕捉到另外一端的垂点来绘制框架梁；"点加长度"是通过确定梁的起始点和梁的长度来绘制梁；"三点画弧"是用来绘制弧形梁；"矩形"是通过选择区域产生矩形，其四边自动生成梁；"智能布置"是按照轴线、梁、墙、基础中心线等参照来快速绘制框架梁。

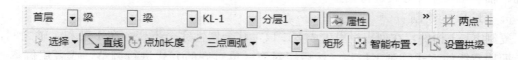

图 3-3

通过识图纸发现，框架梁 KL-1 与两端的框架柱在外侧一端对齐，针对这种情况有四种调整方法：

方法一：选择"直线"绘图方法，确定起点和终点后按住 shift 键单击轴线交点，弹出"输入偏移量"对话框，如图 3-4 所示，在该对话框中输入 X 向偏移量 20，单击"确定"按钮完成绘制。

方法二：选择直线绘图方法绘制框架梁，然后单击工具栏中的"移动"按钮，根据命令提示对绘制完成的框架梁进行位置移动。

图 3-4　设置 X 向偏移量为 20

方法三：选择直线绘图方法绘制框架梁，在"修改"菜单中选择对齐—单对齐，指定对齐目标线为框架柱的外侧，然后指定要对齐的边线，完成对齐操作。

方法四：在框架梁属性定义窗口中的"轴线距梁左"一栏中输入：100，然后用直线方式绘制梁即可。因为在上一项目绘制框架柱的时候，KZ-1 外侧距离轴线 1 的距离是 100。

3.1.2 建筑外围框架梁 KL-的属性定义和绘制

1. KL-2 的绘制

复制 KL-1 构件，在列表栏里生成 KL-2，修改其"类别属性"为"连续梁"，"截面宽度"属性改为 400mm，"截面高度"属性改为 1200mm，其余属性不变。

用直线的方式绘制框架梁 KL-2，然后用对齐—单对齐的方式进行调整，或者用偏移、移动、轴线距梁左等方式进行调整。

2. KL-3 的绘制

复制 KL-1 构件，在列表栏里生成 KL-3，修改其"类别属性"为"连续梁"，因为其截面尺寸同 KL-1 相同，截面宽度属性和截面高度属性不变，其余属性不变。

用直线的方式绘制框架梁 KL-3，然后用对齐—单对齐的方式进行调整，或者用偏移、移动、轴线距梁左等方式进行调整。

3. KL-14 的绘制

复制 KL-1 构件，在列表栏里生成 KL-14，其余属性完全不变，在 1 轴和 2 轴之间，A 轴上面用直线的方式绘制 KL-14。然后用对齐—单对齐的方式进行调整，或者用偏移、移动、轴线距梁左等方式进行调整，如图 3-5 所示。

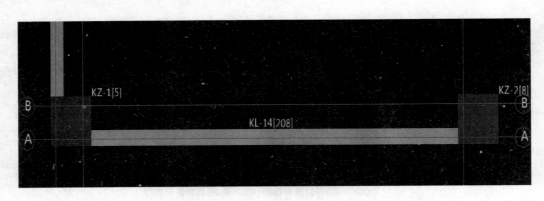

图 3-5　绘制 KL-14

同上述方法绘制 KL-15、KL-16，注意把 KL-16 类别属性改为"连续梁"，绘制完成后进行对齐调整。

4. 10 轴、11 轴上框架梁的绘制

把 KL-14、KL-16、KL-15 分别复制成 KL-12、KL-11、KL-13。修改构件名称，保持原属性不变，然后用直线形式绘制并调整对齐。

5. K 轴、L 轴上框架梁的绘制

将 KL-2 复制产生的构件命名为 KL-25，修改其"类别属性"为"单梁"；将 KL-2 复制产生的构件命名为 KL-24，属性不变；将 KL-3 复制产生的构件命名为 KL-26，属性不变。绘制完成后进行对齐调整。

外围四周的框架梁全部绘制完毕，如图 3-6 所示。

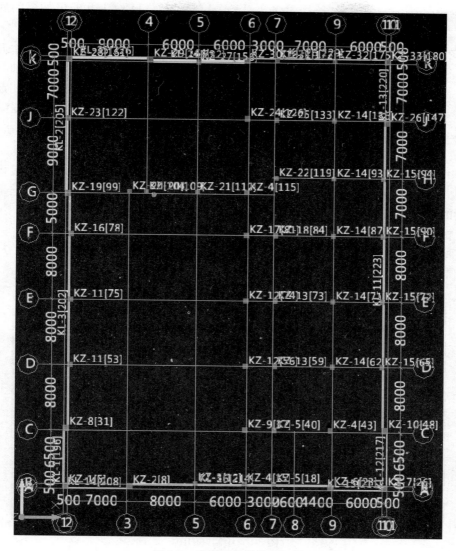

图 3-6　绘制好外围的框架梁

3.1.3　建筑内部框架梁 KL 的属性定义和绘制

1. KL-7、KL-8 的属性定义和绘制

KL-7 在 6 轴上面，通过识图得知，该框架梁一共 7 跨，但是截面尺寸发生了变化，在 1～5 跨截面尺寸为 240mm×800mm，6～7 跨截面尺寸为 500mm×1200mm。

将 KL-7 复制产生的构件命名为 KL-8，具体参照前面所述方法进行绘制。

2. KL-9、KL-10、KL-17 的属性定义和绘制

通过识图得知，在 7 轴与 9 轴之间有非框架梁，在 9 轴与 10 轴之间也有一条非框架梁，此图中框架梁的支点并非框架柱而是框架梁，因此必须先把这些非框架梁的支点绘制完成。具体参照前面所述方法进行绘制。

图 3-7 设置 X 向偏移量为 3500

3. L-5、L-6、L-7、L-8、L-9 非框架梁的属性定义和绘制

（1）因为 L-6 的位置没有轴线，所以在绘制的时候要注意这个问题。通过识图得知 L-6 处在 7 轴与 9 轴的中间位置，因此绘制的时候按住 shift 键，单击起点进行偏移，在"输入偏移量"对话框中 X 向输入偏移量 3500（7 轴与 9 轴间距的一半），如图 3-7 所示，单击"确定"按钮。捕捉另外一端的垂点，绘制完毕。

（2）按照相同的操作方法绘制 L-8，通过识图得知 L-8 共 7 跨，注意非框架梁的跨数不是根据框架柱的间隔来判断的，应该根据框架梁来判断，即两个框架梁之间为 1 跨，共 7 跨。

（3）按照相同的操作方法绘制 L-9，通过审图得知 L-9 共 2 跨。

（4）按照相同的操作方法先定义 L-5、L-7，再进行绘制。注意 L-5、L-6、L-7、L-9 截面高度和截面宽度发生了变化，如图 3-8 所示。

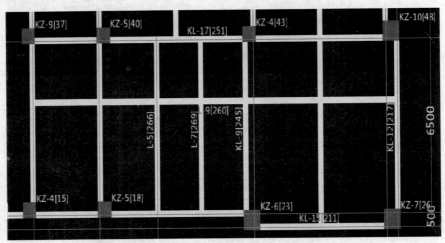

图 3-8 绘制好的图

4. KL-18、KL-19、KL-20 的属性定义和绘制

将 KL-17 复制产生的构件命名为 KL-18、KL-19、KL-20，使用直线的方法进行绘制，因为这三条梁都为中心对称，设定"轴线距梁左"为 120 后，直接进行绘制，不用进行对齐调整。

5. 其他框架梁和非框架梁的绘制

按照相同的方法绘制完成建筑物内部其他框架梁和非框架梁，注意有几根框架梁的截面尺寸在不同的跨上发生了变化，这种情况需要重新定义梁的尺寸信息。

6. 查找

首层所有梁均属性定义和绘制构件图元完毕，为了查找方便，单击"视图"菜单中选择"构件图元显示设置"按钮，弹出"构件图元显示设置—梁"对话框；在"构件图元名称显示"窗格中，查找一下有没有漏画的梁，如图 3-9 所示。所有梁绘制完毕后效果如图 3-10 所示。

图 3-9　查找梁是否漏画

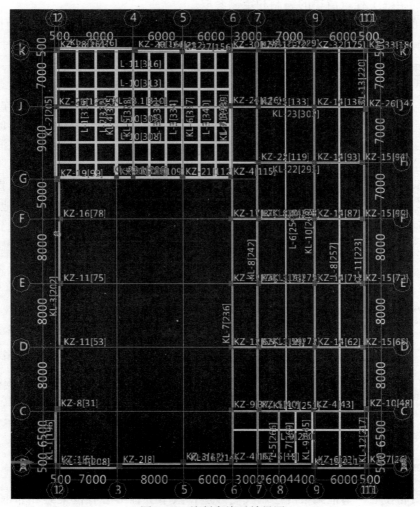

图 3-10　绘制完毕后效果图

任务 3.2　首层框架梁的工程量清单编制和定额套取

3.2.1　框架梁 KL-1 的工程量清单编制和定额套取

操作步骤如下：

（1）选中 KL-1，在绘图窗口界面单击工具栏中的“框架梁定义”按钮，然后单击构件列表右边的“添加清单”按钮，展开清单编辑输入界面，如图 3-11 所示。

构件列表　新建 · × 过滤 · 搜索构件…

添加清单　添加定额　× 删除　项目特征　查询 ·　换算 ·　选择代码　编辑计算式　做法刷　做法查询　选配　提取做法

	编码	类别	项目名称	项目特征	单位	工程量表达式	表达式说明
1		项					

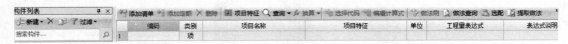

图 3-11　清单编辑输入界面

（2）在图 3-12 查询匹配清单、查询匹配定额、查询清单库、查询定额库、查询措施等项目来完成框架柱工程量清单的编制和定额套取。

① 匹配的清单和定额是软件开发者为了方便用户，快速找到合适的项目而设计的。不是百分百准确的，还应按本工程的实际情况设置。

查询匹配清单　查询匹配定额　查询清单库　查询匹配外部清单　查询措施　查询定额库

	编码	清单项	单位
1	010503002	矩形梁	m^3
2	010503003	异形梁	m^3
3	010503006	弧形、拱形梁	m^3
4	010510001	矩形梁	m^3/根
5	010510002	异形梁	m^3/根
6	010510004	拱形梁	m^3/根
7	010510005	鱼腹式吊车梁	m^3/根
8	010510006	其他梁	m^3/根
9	011702006	矩形梁	m^2
10	011702007	异形梁	m^2
11	011702010	弧形、拱形梁	m^2

图 3-12　梁的清单项

② 当匹配是空白时，或者没有合适的列项，可直接用查询功能在查询清单库、查询定额库里面查找。

（3）只要清单工程的特征、做法、构造、材料不同，清单一般编写为不同，所套定额也不同，即使某些情况套相同的定额肯定也会对定额进行替换调整或其他调整。

（4）在图 3-12 中找到匹配的清单项 010503002，双击添加到图 3-11 清单编码中，因为完整的清单一共 12 位，在 9 位清单编码后面再输入 001，完成对框架梁 KL-1 的清单编码的填写。

（5）输入项目名称和项目特征：现浇混凝土，C30，矩形梁，如图 3-13 所示，完成对框架梁 KL-1 工程量清单编制。

添加清单　添加定额　× 删除　项目特征　查询 ·　换算 ·　选择代码　编辑计算式　做

编码	类别	项目名称	项目特征	单位
010503002001	项	框架梁	现浇混凝土，C30，矩形梁	m^3

图 3-13　KL-1 清单编制界面

3.2.2　其他框架梁的工程量清单编制和定额套取

通过识图和在上一节框架梁的绘制我们知道，汽车工程中心有框架梁和非框架梁两种，其中框架梁 26 种，非框架梁 11 种。由于框架梁和非框架梁在特征、做法、构造和材料都一样，只是构件尺寸有稍微差别，我们在清单编制的时候把所有的框架梁编为一个工程量清单项，所有的非框架梁编为一个工程量清单项。

在图 3-12 中单击"查询匹配定额"选项，出现跟 KL-1 相匹配的定额列项，找到定额 4-2-24（C253 现浇单梁·连续梁），双击添加到清单里面，如图 3-14 所示。

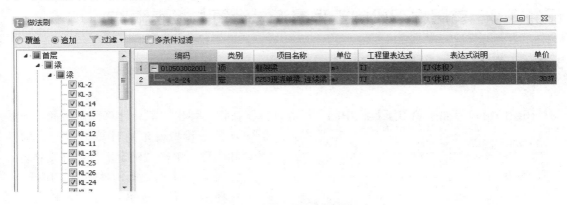

	编码	类别	项目名称	项目特征
—	010503002001	项	框架梁	现浇混凝土，C30，矩形梁
	4-2-24	定	C253现浇单梁·连续梁	

图 3-14　添加 4-2-24 到清单里

注意：定额和清单是不能分离、融为一体的两个组成部分，清单为工程量的列项，定额计算出人工、材料、机械等具体的消耗量。

根据前面介绍的做法刷的使用方法，把框架梁 KL-1 的清单和定额复制到其他框架梁上面，完成所有框架梁构件的清单列项，如图 3-15 所示。

图 3-15　做法刷复制清单

① 做法刷可以只复制清单项，也可以只复制定额项，也可以同时复制清单项和定额项（或者选中的部分定额项）。

② 覆盖是指覆盖掉该构件图元原来的清单及定额子目。追加是指保持当前构件图元原来的清单定额子目前提下添加其他清单定额子目。

3.2.3　非框架梁的工程量清单编制和定额套取

（1）选中 L-1，在绘图窗口界面单击工具栏中的"框架梁定义"按钮，然后单击构件列表右边的"添加清单"按钮，展开清单编辑输入界面。在图 3-16 所示的匹配清单库里面双击相匹配的清单项目，输入相应的清单名称和特征。

（2）在匹配定额库种查询匹配定额选项，出现跟 L-1 相匹配的定额列项，找到定额 4-2-24（C253 现浇单梁·连续梁），双击添加到清单里面。

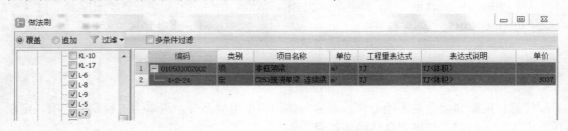

图 3-16　匹配清单库

（3）根据前面介绍的做法刷的使用方法，把非框架梁 L-1 的清单和定额做法刷到其他非框架梁上面，完成所有非框架梁构件的清单列项，如图 3-17 所示。

图 3-17　做法刷完成其他清单列项

任务 3.3　首层框架梁的工程量汇总计算与报表预览

3.3.1　首层梁工程量汇总计算

1. 汇总计算

在绘图窗口界面中单击工具栏中的"汇总计算"按钮，弹出"汇总计算"对话框，如图

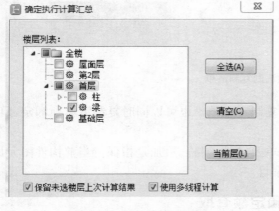

图 3-18　汇总计算对括框

3-18 所示，设置好汇总计算的楼层、构件类型和名称，单击"确定"按钮开始计算。

2. 查看单个框架梁构件图元工程量

选择某一个框架梁图元，单击工具栏中的"查看工程量"按钮，弹出如图 3-19 所示的窗口。

3. 查看单个框架梁工程量计算公式

选择某一个框架梁构件图元，单击工具栏中的"查看工程量计算式"按钮，弹出如图 3-20 所示的窗口，可以查看当前构件图元工程量的计算公式，如体积、模板面积、脚手架面积、截面周长、梁净长等工程量。

4. 批量查看多个梁构件图元工程量

在键盘上按 F3 快捷键，弹出批量选择对话框，选中所要查看工程量的多个构件图元，再单击工具栏中的"查看工程量"按钮。

图3-19 "查看构件图元工程量"窗口

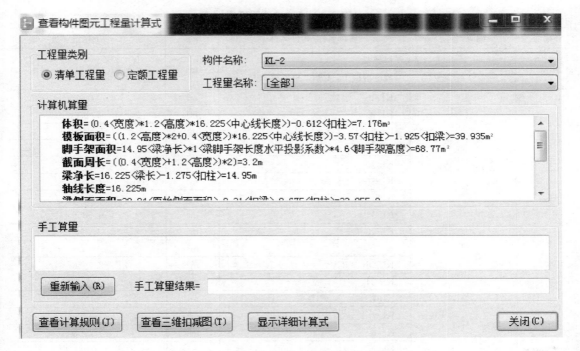

图3-20 "查看构件图元工程量计算式"窗口

3.3.2 首层梁工程量报表预览

汇总分析部分报表如下：

（1）清单汇总表如表3-1所示。

表3-1 清单汇总表

序号	编码	项目名称	单位	工程量
1	010503002001	框架梁 现浇混凝土，C30，矩形梁	m³	129.917
2	010503002002	非框架梁 C30，现浇混凝土	m³	78.3534

（2）清单定额汇总表如表3-2所示。

表 3-2　清单定额汇总表

序号	编码	项目名称	单位	工程量
1	010503002001	框架梁 现浇混凝土，C30，矩形梁	m³	129.917
	4-2-24	C253 现浇单梁．连续梁	10m³	12.9917
2	010503002002	非框架梁 C30，现浇混凝土	m³	78.3534
	4-2-24	C253 现浇单梁．连续梁	10m³	7.8353

（3）清单构件明细表如表 3-3 所示。

表 3-3　清单构件明细表

序号	编码/楼层	项目名称/构件名称	单位	工程量
1		框架梁 现浇混凝土，C30，矩形梁	m³	129.917
	010503002001	KL-1	m³	1.2
		KL-2	m³	7.176
		KL-3	m³	5.0112
		KL-14	m³	1.296
		KL-15	m³	1.0752
		KL-16	m³	4.0416
		KL-12	m³	1.2
		KL-11	m³	6.5856
		KL-13	m³	1.296
		KL-25	m³	4.2
		KL-26	m³	2.7936
		KL-24	m³	4.848
		KL-7	m³	6.24
		KL-7.1	m³	8.79
绘图输入		KL-8	m³	9.1008
		KL-9	m³	0.9
		KL-10	m³	7.968
		KL-17	m³	2.4444
		KL-18	m³	2.3856
		KL-19	m³	2.3856
		KL-20	m³	2.3856
	首层	KL-21	m³	8.904
		KL-22	m³	2.3856
		KL-22.1	m³	8.008
		KL-23	m³	2.4444
		KL-23.1	m³	7.8733
		KL-4	m³	5.775
		KL-5	m³	5.6403
		KL-6	m³	5.5633
	小　　计		m³	129.9171
	合　　计		m³	129.9171

续表

序号	编码/楼层	项目名称/构件名称	单位	工程量
2		非框架梁 C30，现浇混凝土	m³	78.3534
绘图输入	010503002002	L-6	m³	6.3389
		L-8	m³	7.3123
		L-9	m³	1.4918
		L-5	m³	0.7282
		L-7	m³	0.7282
		L-10	m³	22.8113
		L-11	m³	7.6038
		L-1	m³	5.313
		L-2	m³	5.313
		L-3	m³	15.5348
		L-4	m³	5.1783
	首层	小计	m³	78.3536
		合计	m³	78.3536

（4）构件做法汇总表如表 3-4 所示。

表 3-4 构件做法汇总表

编码	项目名称	单位	工程量	表达式说明
绘图输入→首层				
一、梁				
KL-1				
010503002001	框架梁 现浇混凝土，C30，矩形梁	m³	1.2	TJ〈体积〉
4-2-24	C253 现浇单梁·连续梁	10m³	0.12	TJ〈体积〉
KL-2				
010503002001	框架梁 现浇混凝土，C30，矩形梁	m³	7.176	TJ〈体积〉
4-2-24	C253 现浇单梁·连续梁	10m³	0.7176	TJ〈体积〉
KL-3				
010503002001	框架梁 现浇混凝土，C30，矩形梁	m³	5.0112	TJ〈体积〉
4-2-24	C253 现浇单梁·连续梁	10m³	0.5011	TJ〈体积〉
KL-14				
010503002001	框架梁 现浇混凝土，C30，矩形梁	m³	1.296	TJ〈体积〉
4-2-24	C253 现浇单梁·连续梁	10m³	0.1296	TJ〈体积〉

编码	项目名称	单位	工程量	表达式说明
KL-15				
010503002001	框架梁 现浇混凝土，C30，矩形梁	m³	1.0752	TJ〈体积〉
4-2-24	C253 现浇单梁．连续梁	10m³	0.1075	TJ〈体积〉
KL-16				
010503002001	框架梁 现浇混凝土，C30，矩形梁	m³	4.0416	TJ〈体积〉
4-2-24	C253 现浇单梁．连续梁	10m³	0.4042	TJ〈体积〉
KL-12				
010503002001	框架梁 现浇混凝土，C30，矩形梁	m³	1.2	TJ〈体积〉
4-2-24	C253 现浇单梁．连续梁	10m³	0.12	TJ〈体积〉
KL-11				
010503002001	框架梁 现浇混凝土，C30，矩形梁	m³	6.5856	TJ〈体积〉
4-2-24	C253 现浇单梁．连续梁	10m³	0.6586	TJ〈体积〉
KL-13				
010503002001	框架梁 现浇混凝土，C30，矩形梁	m³	1.296	TJ〈体积〉
4-2-24	C253 现浇单梁．连续梁	10m³	0.1296	TJ〈体积〉
KL-25				
010503002001	框架梁 现浇混凝土，C30，矩形梁	m³	4.2	TJ〈体积〉
4-2-24	C253 现浇单梁．连续梁	10m³	0.42	TJ〈体积〉
KL-26				
010503002001	框架梁 现浇混凝土，C30，矩形梁	m³	2.7936	TJ〈体积〉
4-2-24	C253 现浇单梁．连续梁	10m³	0.2794	TJ〈体积〉
KL-24				
010503002001	框架梁 现浇混凝土，C30，矩形梁	m³	4.848	TJ〈体积〉
4-2-24	C253 现浇单梁．连续梁	10m³	0.4848	TJ〈体积〉
KL-7				
010503002001	框架梁 现浇混凝土，C30，矩形梁	m³	6.24	TJ〈体积〉
4-2-24	C253 现浇单梁．连续梁	10m³	0.624	TJ〈体积〉

续表

编码	项目名称	单位	工程量	表达式说明
KL-7.1				
010503002001	框架梁 现浇混凝土，C30，矩形梁	m³	8.79	TJ〈体积〉
4-2-24	C253 现浇单梁．连续梁	10m³	0.879	TJ〈体积〉
KL-8				
010503002001	框架梁 现浇混凝土，C30，矩形梁	m³	9.1008	TJ〈体积〉
4-2-24	C253 现浇单梁．连续梁	10m³	0.9101	TJ〈体积〉
KL-9				
010503002001	框架梁 现浇混凝土，C30，矩形梁	m³	0.9	TJ〈体积〉
4-2-24	C253 现浇单梁．连续梁	10m³	0.09	TJ〈体积〉
KL-10				
010503002001	框架梁 现浇混凝土，C30，矩形梁	m³	7.968	TJ〈体积〉
4-2-24	C253 现浇单梁．连续梁	10m³	0.7968	TJ〈体积〉
KL-17				
010503002001	框架梁 现浇混凝土，C30，矩形梁	m³	2.4444	TJ〈体积〉
4-2-24	C253 现浇单梁．连续梁	10m³	0.2444	TJ〈体积〉
L-6				
010503002002	非框架梁 C30，现浇混凝土	m³	6.3389	TJ〈体积〉
4-2-24	C253 现浇单梁．连续梁	10m³	0.6339	TJ〈体积〉
L-8				
010503002002	非框架梁 C30，现浇混凝土	m³	7.3123	TJ〈体积〉
4-2-24	C253 现浇单梁．连续梁	10m³	0.7312	TJ〈体积〉
L-9				
010503002002	非框架梁 C30，现浇混凝土	m³	1.4918	TJ〈体积〉
4-2-24	C253 现浇单梁．连续梁	10m³	0.1492	TJ〈体积〉
L-5				
010503002002	非框架梁 C30，现浇混凝土	m³	0.7282	TJ〈体积〉
4-2-24	C253 现浇单梁．连续梁	10m³	0.0728	TJ〈体积〉

续表

编码	项目名称	单位	工程量	表达式说明
L-7				
010503002002	非框架梁 C30，现浇混凝土	m³	0.7282	TJ〈体积〉
4-2-24	C253 现浇单梁．连续梁	10m³	0.0728	TJ〈体积〉
KL-18				
010503002001	框架梁 现浇混凝土，C30，矩形梁	m³	2.3856	TJ〈体积〉
4-2-24	C253 现浇单梁．连续梁	10m³	0.2386	TJ〈体积〉
KL-19				
010503002001	框架梁 现浇混凝土，C30，矩形梁	m³	2.3856	TJ〈体积〉
4-2-24	C253 现浇单梁．连续梁	10m³	0.2386	TJ〈体积〉
KL-20				
010503002001	框架梁 现浇混凝土，C30，矩形梁	m³	2.3856	TJ〈体积〉
4-2-24	C253 现浇单梁．连续梁	10m³	0.2386	TJ〈体积〉
KL-21				
010503002001	框架梁 现浇混凝土，C30，矩形梁	m³	8.904	TJ〈体积〉
4-2-24	C253 现浇单梁．连续梁	10m³	0.8904	TJ〈体积〉
KL-22				
010503002001	框架梁 现浇混凝土，C30，矩形梁	m³	2.3856	TJ〈体积〉
4-2-24	C253 现浇单梁．连续梁	10m³	0.2386	TJ〈体积〉
KL-22.1				
010503002001	框架梁 现浇混凝土，C30，矩形梁	m³	8.008	TJ〈体积〉
4-2-24	C253 现浇单梁．连续梁	10m³	0.8008	TJ〈体积〉
KL-23				
010503002001	框架梁 现浇混凝土，C30，矩形梁	m³	2.4444	TJ〈体积〉
4-2-24	C253 现浇单梁．连续梁	10m³	0.2444	TJ〈体积〉
L-10				
010503002002	非框架梁 C30，现浇混凝土	m³	22.8113	TJ〈体积〉
4-2-24	C253 现浇单梁．连续梁	10m³	2.2811	TJ〈体积〉

续表

编码	项目名称	单位	工程量	表达式说明
KL-23.1				
010503002001	框架梁 现浇混凝土，C30，矩形梁	m³	7.8733	TJ〈体积〉
4-2-24	C253 现浇单梁．连续梁	10m³	0.7873	TJ〈体积〉
L-11				
010503002002	非框架梁 C30，现浇混凝土	m³	7.6038	TJ〈体积〉
4-2-24	C253 现浇单梁．连续梁	10m³	0.7604	TJ〈体积〉
L-1				
010503002002	非框架梁 C30，现浇混凝土	m³	5.313	TJ〈体积〉
4-2-24	C253 现浇单梁．连续梁	10m³	0.5313	TJ〈体积〉
L-2				
010503002002	非框架梁 C30，现浇混凝土	m³	5.313	TJ〈体积〉
4-2-24	C253 现浇单梁．连续梁	10m³	0.5313	TJ〈体积〉
KL-4				
010503002001	框架梁 现浇混凝土，C30，矩形梁	m³	5.775	TJ〈体积〉
4-2-24	C253 现浇单梁．连续梁	10m³	0.5775	TJ〈体积〉

项目 4　　首层楼板工程量计算

■ 知识目标
  ◆ 掌握现浇板构件属性定义方法和界面环境。
  ◆ 掌握现浇板构件绘制的各种方法和调整修改操作。
  ◆ 掌握现浇板工程量清单的编制和定额套取相关知识。
  ◆ 掌握板构件工程量的汇总计算与报表预览操作。
■ 能力目标
  ◆ 能够应用算量软件进行楼板构件的定义和建模（绘制）。
  ◆ 能够正确编制楼板构件工程量清单并套取定额。
  ◆ 能够进行楼板构件工程量的计算与预览。

任务 4.1　首层楼板的属性定义和绘制

4.1.1　首层楼板识图分析

（1）首层楼板的图纸说明如下：

① 未标注板厚者均为 100mm，板顶标高为 4.100m。

② 板底钢筋未画出者双向均为Φ8@200，短跨钢筋置于板底下层。

③ 楼板负筋长度计算起点：边跨为梁边—15mm；中跨为梁中心。

④ 详图平面尺寸及位置参见建筑图。

⑤ 楼板上烟气道留洞位置，尺寸见建筑图，楼板上留洞配合相关专业图纸。

水电暖管道井钢筋不断开，预留竖向套管，安装就位后，用 C35 补偿收缩混凝土封堵。

⑥ 现场施工应避免埋设管线较密或管线交叉，管线布置在上下钢筋网片之间，且不宜立体交叉穿越，线管在敷设时交叉布线处可采用线盒，同时在多根线管的集散处宜采用放射形分布，避免紧密平行排列，确保线管底部的混凝土浇筑顺利且振捣密实。

（2）除去厚度为 100mm 的楼板之外，首层楼板厚度还有 130mm 和 110mm 两种厚度，其中厚度的 130mm 的楼板分布在轴网 7 轴与 11 轴以及 J 轴与 L 轴之间。另外，首层楼板还有两种雨篷板需要绘制。

4.1.2　首层楼板 B-1（厚度为 130mm）的属性定义和绘制

1. 楼板 B-1 的属性定义

（1）单击展开"模块导航栏"中"绘图输入"选项下的"板"列表项，如图 4-1 所示，里面有现浇板、预制板、螺旋板、板洞等内容，双击"现浇板"选项，在右侧单击新建下拉菜单，选择"新建现浇板"命令，软件自动命名创建的现浇板为 XB-1 的现浇板。

（2）在图 4-1 右侧的属性编辑框中输入 XB-1 的相关属性，"类别"选择"有梁板"，材质根据图纸审查选择现浇混凝土，混凝土标号按照结构设计说明中的要求选择 C30，混凝土类型选择碎石〈16。

（3）楼板的厚度输入 130mm。因为楼板属于面状构件，楼板只有顶标高。

（4）"模板类型"选择"木模板"，"支撑类型"选择为"钢支撑"。

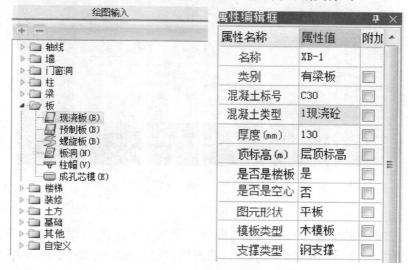

图 4-1　创建 XB-1 现浇板及设置属性

2. 楼板 B-1 的绘制

（1）楼板有多种绘制方法，如图 4-2 所示，其中直线是以轴线的交点为起点或者构件的中心为起点通过直线的方式绘制一个封闭的形状来完成楼板的绘制；点是通过单击封闭区域自动产生楼板；三点画弧是用来绘制弧形楼板；矩形是通过选取区域产生矩形，其四边自动生成楼板；智能布置是按照房间的轴线、房间的外墙皮、外墙轴线、外墙外边线、外墙中心线以及梁轴线等快速绘制楼板。

图 4-2　楼板的绘制方法

（2）我们采用点的方法来完成轴网 7 轴与 11 轴以及 J 轴与 L 轴之间厚度为 130mm 的 LB-1 的绘制，如图 4-3 所示。注意采用点的方法绘制的时候要求板的支座——梁必须是封闭的才可以，否则无法绘制。

4.1.3　首层楼板 LB-2（厚度为 110mm）的属性定义和绘制

1. LB-2 的属性定义

把 XB-1 构件复制一下，在列表栏里生成 XB-2，修改其厚度属性为 110mm。其他属性保持不变。

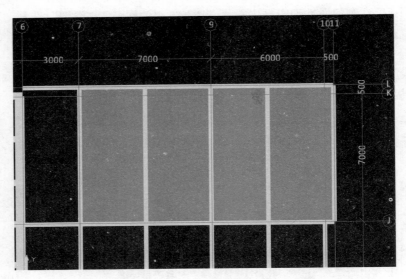

图 4-3　绘制 LB-1

2. LB-2 的绘制

通过识图发现厚度为 110mm 的楼板非常多，分布在 6 轴到 10 轴之间、J 轴与 A 轴之间的区域。用点的方法来绘制楼板有点麻烦，我们可以用其他方法如：矩形或者智能布置来快速绘制楼板 LB-2。

4.1.4　首层楼板 LB-3（厚度为 100mm）的属性定义和绘制

1. LB-3 的属性定义

把 XB-2 构件复制一下，在列表栏里生成 XB-3，修改其厚度属性为 100mm。其他属性保持不变。

2. LB-3 的绘制

通过识图得知，未标注板厚均为 100mm，然后在仔细观察一下首层板结构施工图，查找到那些没有标注板厚的区域。通过以上所述的楼板绘制方式进行绘制。

除雨篷板外所有楼板都绘制完成，单击视图菜单中"构件图元"显示设置，显示首层已经绘制完成的柱、梁、板，然后单击工具栏中的"三维"按钮查看一下目前绘制构件的三维效果，如图 4-4 所示。

4.1.5　雨篷的属性定义和绘制

1. A 轴上面雨篷板的建立

（1）单击展开"模块导航栏"中"绘图输入"选项下的"其他"列表项，单击"雨篷"选项，在右侧构件列表框中单击新建菜单，选择"新建雨篷"命令。根据识图信息设置好雨篷的属性，如图 4-5 所示。

（2）雨篷的绘制方法有点、直线、矩形、三点画弧等，在这里我们选择矩形方法来进行绘制，根据识图信息得出雨篷板的尺寸和位置，用偏移的方式找到矩形绘制的起点和终点，完成雨篷板的绘制，如图 4-6 所示。

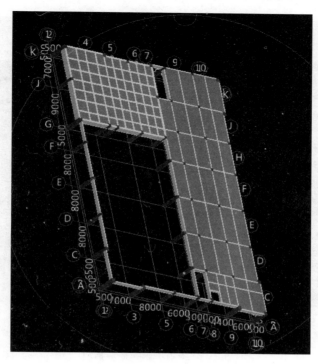

12
4
5
6
7
9
10
K
J
G
F
H
E
D
C
A
500
7000
9000
5000
8000
8000
8000
3500
500
7000
8000
6000
3000
4400
600
500
2
3
5
6
7
8
9
10

图 4-4 绘制构件的三维效果图

其他
建筑面积(U)
天井
平整场地(V)
散水(S)
台阶
后浇带(JD)
挑檐(T)
雨篷(P)
阳台(Y)
屋面(W)
保温层(H)
栏板(K)
压顶
栏杆扶手(G)
属性名称
属性值
附加
名称
YP-1
材质
现浇混凝
混凝土标号
C25
混凝土类型
1现浇混凝土
板厚(mm)
100
顶标高(m)
层顶标高-
建筑面积计
不计算
图元形状
直形
备注
计算属性
显示样式

图 4-5 创建雨篷及设置其属性

D
8000
8000
5

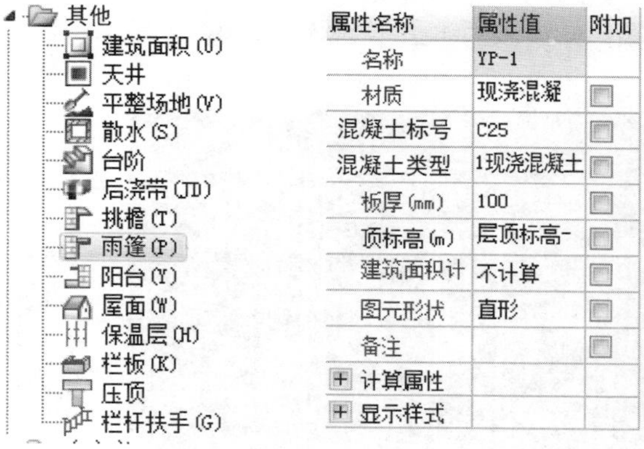

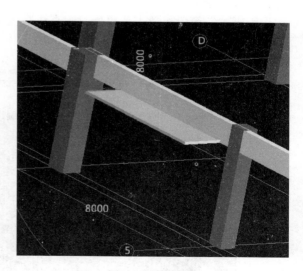

图 4-6 绘制雨篷

2. 雨篷栏板的创建

(1) 单击展开“模块导航栏”中“绘图输入”选项下的“其他”列表项，单击“栏板”选项，在右侧构件列表框中单击新建菜单，选择“新建异型栏板”命令，弹出多边形编辑器窗口，如图 4-7 所示。

(2) 在“多边形编辑器”窗口的菜单栏中单击“定义网格”按钮，在弹出的窗口中设置

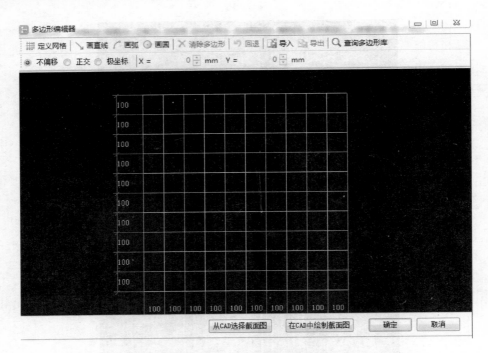

图 4-7　"多边形编辑器"窗口

好自定义网格的尺寸信息，X：100，100；Y：200，100。单击"确定"按钮，返回到"多边形编辑器"窗口，单击菜单栏"画直线"按钮进行绘制，绘制完后单击"确定"返回主窗口，效果如图 4-8 所示。

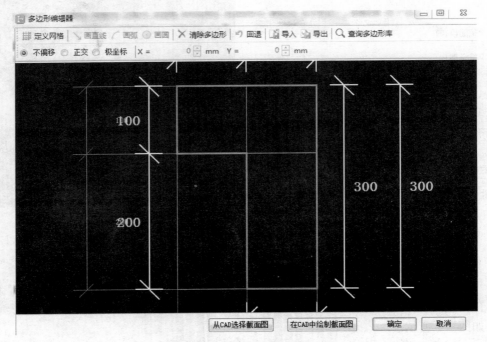

图 4-8　网格的绘制

（3）回到主窗口中，参看一下栏板的几种绘制方法（图 4-9）：直线、点加长度、三点画弧、矩形和智能布置。根据实际情况我们选择直线方法来进行绘制。

图 4-9　选择绘制方法界面

（4）设置好栏板的有关属性，用偏移确定好栏板绘制起点的位置和端点的位置，用直线的方法完成雨篷栏板的绘制，效果如图 4-10 所示。

图 4-10　雨篷栏板效果

3. 其他轴线上面雨篷的建立

（1）根据已经属性定义好的雨篷板和栏板进行绘制，汽车工程中心西侧，即 1 轴上面，通过识图确定雨篷的长度为 4500mm，宽度为 1500mm，雨篷的位置在 E 轴右侧。用矩形的方法绘制雨篷板，注意偏移确定起点位置。用点加长度的方法绘制栏板。绘制完成后注意三维观察一下雨篷的位置是否与梁底齐平。

（2）汽车工程中心北面三个雨篷的绘制：

① 通过识图知道北侧有三个雨篷，其中左边和右边雨篷大小是完全相同的。雨篷长度为 4200mm，宽度为 1200mm，用前面定义的雨篷板和栏板属性和方法绘制右侧雨篷板和栏板，如图 4-11 所示。

② 将右侧雨篷板通过复制的方式复制到左侧，注意复制的时候确定好基点位置和雨篷的实际位置，左侧梁高为 1200mm，最后需改一下属性调整好雨篷板和栏板的底标高，让雨篷与梁底齐平，如图 4-12 所示。

③ 绘制汽车工程中心北侧中间雨篷。

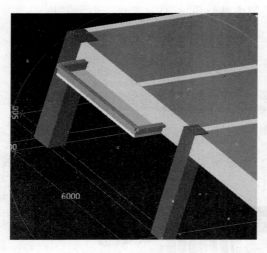

图 4-11　绘制右侧雨篷板

图 4-12　绘制左侧雨篷板

任务 4.2　楼板的工程量清单编制和定额套取

4.2.1　楼板的工程量清单编制和定额套取

（1）在"绘图"窗口界面中单击工具栏中的"楼板定义"按钮，然后单击构件列表右边的"添加清单"按钮，展开清单编辑输入界面，如图 4-13 所示。

属性名称	属性值	附加
名称	XB-1	☐
类别	有梁板	☐
混凝土标号	C30	☐
混凝土类型	1现浇混凝土	☐
厚度 (mm)	130	☐
顶标高 (m)	层顶标高	☐
是否是楼板	是	☐
是否是空心	否	☐
图元形状	平板	☐
模板类型	木模板	☐
支撑类型	钢支撑	☐
备注		☐
⊞ 计算属性		
⊞ 显示样式		

查询匹配清单　查询匹配定额　查询清单库　查询匹配外部清单

	编码	清单项	单位
1	010505001	有梁板	m^3
2	010505002	无梁板	m^3
3	010505003	平板	m^3
4	010505004	拱板	m^3
5	010505005	薄壳板	m^3
6	010505006	栏板	m^3
7	010505009	空心板	m^3
8	010505010	其他板	m^3
9	011702014	有梁板	m^2
10	011702015	无梁板	m^2
11	011702016	平板	m^2
12	011702017	拱板	m^2
13	011702018	薄壳板	m^2
14	011702019	空心板	m^2
15	011702020	其他板	m^2

图 4-13　清单编辑输入界面

（2）在图 4-13 中找到匹配的清单项 010505001，双击添加到清单编码上面，因为完整的清单一共 12 位，在前 9 位清单编码后面再输入 001，完成对现浇楼板 XB-1 的清单编码的填写。

（3）输入项目名称和项目特征：C30，130 厚，现浇混凝土楼板，完成现浇楼板 XB-1 的工程量清单编制，如图 4-14 所示。

	编码	类别	项目名称	项目特征	单位
1	010505001001	项	有梁板	C30,130厚,现浇混凝土楼板	m³

图 4-14　XB-1 清单输入

（4）单击"查询匹配定额"选项，列出与 XB-1 相匹配的定额列项，如图 4-15 所示，找到定额 4-2-36，双击添加到清单里面。

注意：定额和清单是不能分离、融为一体的两个组成部分，清单为工程量的列项，定额计算出人工、材料、机械等具体的消耗量。

	编码	名称	单位	单价
1	4-2-36	C252现浇有梁板	10m³	2940.13
2	4-2-37	C252现浇无梁板	10m³	2865.22
3	4-2-38	C252现浇平板	10m³	2986.12
4	4-2-39	C252现浇拱板	10m³	3391.47
5	4-2-40	C252现浇密肋板	10m³	2899.52
6	4-2-41	C252现浇斜.折板	10m³	3070.11
7	4-5-8	现浇填料空心板	10m³	3471.64
8	10-4-156	有梁板组合钢模板钢支撑	10m²	498.82
9	10-4-157	有梁板组合钢模板木支撑	10m²	568.81
10	10-4-158	有梁板复合木模板钢支撑	10m²	427.57
11	10-4-159	有梁板复合木模板木支撑	10m²	498.33

图 4-15　与 XB-1 匹配的定额

（5）因为 XB-2 和 XB-3 的特征、施工做法、材料跟 XB-1 相同，只是厚度稍微有变化，清单编制可以编为一个清单编码。用做法刷把 XB-1 相匹配的清单编码和定额列项，复制到 XB-2 和 XB-3 中，如图 4-16 所示。

图 4-16　复制生成 XB-2 和 XB-3

4.2.2　雨篷板和栏板的工程量清单编制和定额套取

（1）在"绘图输入"选项下的"其他"列表中单击"雨篷"选项，然后在绘图窗口界面中单击工具栏中的"定义"按钮，然后单击构件列表右边的"添加清单"按钮，展开清单编辑输入界面。

	查询匹配清单	查询匹配定额　查询清单库　查询匹配外部清单	
	编码	清单项	单位
1	010505008	雨篷、悬挑板、阳台板	m³
2	011702023	雨篷、悬挑板、阳台板	m²

图 4-17　查找匹配清单项

如图 4-18 所示。

（2）在图 4-17 中找到匹配的清单项 010505008，双击添加到清单编码上面，因为完整的清单一共 12 位，在前 9 位清单编码后面再输入 001，继续输入项目特征：C30，现浇。完成对雨篷板清单编码的填写，

	添加清单	添加定额	✕ 删除	项目特征	Q 查询▾	换算▾	选择代码	编辑计算式	做
	编码	类别	项目名称		项目特征			单位	
1	010505008001	项	雨篷、悬挑板、阳台板		C25，现浇			m³	

图 4-18　雨篷板清单编码填写

（3）单击"查询匹配定额"选项，列出与雨篷板相匹配的定额列项，找到定额 4-2-49，如图 4-19 所示，双击添加到清单里面，如图 4-20 所示。

	查询匹配清单	查询匹配定额　查询清单库　查询匹配外部清单　查询措施　查询定额库		
	编码	名称	单位	单价
1	4-2-49	C202现浇雨篷	10m²	364.25
2	4-2-65	C202现浇阳台.雨篷每±10	10m²	35.53
3	10-4-203	直形悬挑板阳台雨篷木模板木支撑	10m²	1021.24
4	10-4-204	圆弧形悬挑板阳台雨篷木模板木支撑	10m²	1153.23

图 4-19　查找相匹配的额定 4-2-49

	添加清单	添加定额	✕ 删除	项目特征	Q 查询▾	换算▾	选择代码	编辑计算式	做
	编码	类别	项目名称		项目特征			单位	
1	⊟ 010505008001	项	雨篷、悬挑板、阳台板		C25，现浇			m³	
2	4-2-49	定	C202现浇雨篷					m²	

图 4-20　4-2-49 添加到清单里

经验提示

　　雨篷、悬挑板和阳台板在工程量清单计算规则与定额计算规则上面是不一样的，工程量清单计算单位是体积，定额计算单位是面积。

　　除此之外，还有楼梯的工程量计算规则、台阶的工程量计算规则在清单计价和定额计价中也有所不同。

（4）用相同的方法给栏板添加工程量清单编码和套取定额项目。添加过程如图 4-21 至图 4-23 所示。混凝土栏板的工程量计算单位清单和定额是相同的，都计算体积。另外，注意栏板混凝土定额为 C20，实际工程为 C25，需要在计价软件中调整。

	查询匹配清单	查询匹配定额　查询清单库　查询匹配外	
	编码	清单项	
1	010505006	栏板	m³

图 4-21　查询匹配清单

	编码	类别	项目名称	项目特征	单位
1	— 010505006001	项	栏板	100厚，现浇	m³
2	└ 4-2-51	定	C202现浇栏板		m³

图 4-22 4-2-51 添加到清单

查询匹配清单 查询匹配定额 查询清单库 查询匹配外部清单 查询措施 查

	编码	名称	单位	单价
1	3-1-26	M5.0混浆半砖栏板	10m²	400.49
2	4-2-51	C202现浇栏板	10m³	4207.57
3	10-4-206	栏板木模板木支撑	10m²	596.05

图 4-23 相匹配的定额

任务 4.3 首层楼板的工程量汇总计算与报表预览

4.3.1 首层楼板工程量汇总计算

1. 汇总计算

单击工具栏中"汇总计算"按钮，弹出汇总计算对话框，如图 4-24 所示，设置好汇总计算的楼层、构件类型和名称，单击"确定"按钮开始计算。

2. 查看单个楼板构件图元工程量

单击选择某一个楼板构件图元，然后单击工具栏中的"查看工程量"按钮，弹出如图 4-25 所示的窗口。

3. 查看单个楼板构件工程量计算公式

选择某一个楼板构件图元，单击工具栏中的"查看工程量计算式"按钮，弹出如图4-26所示的窗口，可以查看当前构件图元工程量的计算公式，如体积、底面模板面积、侧面模板面积等工程量。

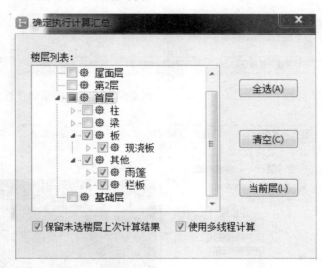

图 4-24 "确定执行计算汇总"对话框

单击"查看三维扣减图"按钮，可以看到在工程量计算时三维的扣减关系，如图 4-27 所示。

4. 批量查看多个楼板构件图元工程量

在键盘上按 F3 快捷键，弹出批量选择对话框，选中所要查看工程量的多个构件图元，再单击"查看工程量"按钮。

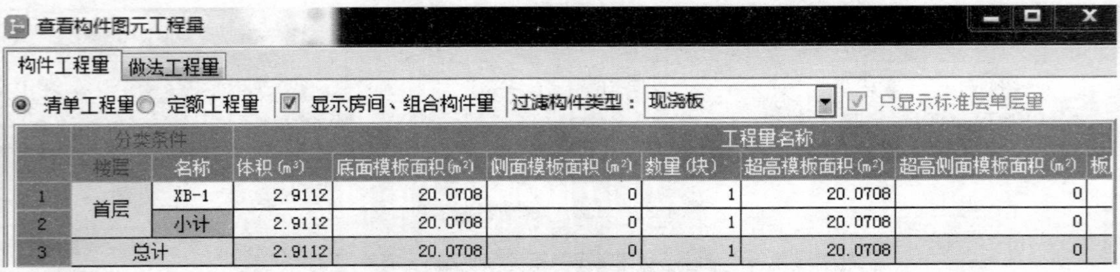

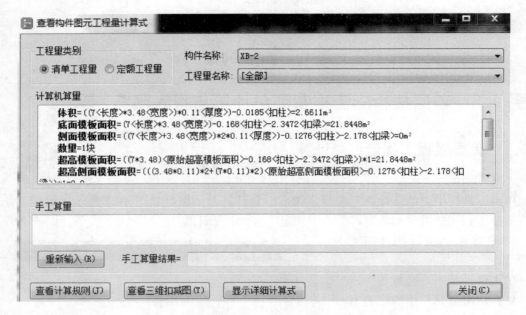

图 4-25　"查看构件图元工程量"窗口

图 4-26　XB-2 工程量的计算公式

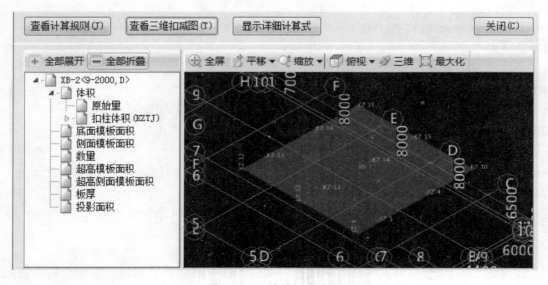

图 4-27　三维的扣减关系

4.3.2 首层楼板工程量报表预览

1. 做法汇总分析部分报表

（1）清单汇总表如表4-1所示。

表4-1 清单汇总表

序号	编码	项目名称	单位	工程量
1	010505001001	有梁板 C30，130厚，现浇混凝土楼板	m³	126.4228
2	010505006001	栏板 100厚，现浇	m³	1.372
3	010505008001	雨篷、悬挑板、阳台板 C25，现浇	m³	4.225

（2）清单构件明细表如表4-2所示。

表4-2 清单构件明细表

序号	编码/楼层	项目名称/构件名称	单位	工程量
1	010505001001	有梁板 C30，130厚，现浇混凝土楼板	m³	126.4228
		XB-1	m³	12.9498
		XB-2	m³	71.5514
		XB-3	m³	41.9217
绘图输入	首层	小 计	m³	126.4229
		合 计	m³	126.4229
2	010505006001	栏板 100厚，现浇	m³	1.372
		LB-1	m³	1.372
绘图输入	首层	小 计	m³	1.372
		合 计	m³	1.372
3	010505008001	雨篷、悬挑板、阳台板 C25，现浇	m³	4.225
		YP-1	m³	4.225
绘图输入	首层	小 计	m³	4.225
		合 计	m³	4.225

（3）清单定额汇总表如表4-3所示。

表 4-3　清单定额汇总表

序号	编码	项目名称	单位	工程量
1	010505001001	有梁板 C30，130 厚，现浇混凝土楼板	m³	126.4228
	4-2-36	C252 现浇有梁板	10m³	12.7637
2	010505006001	栏板 100 厚，现浇	m³	1.372
	4-2-51	C202 现浇栏板	10m³	0.1372
3	010505008001	雨篷、悬挑板、阳台板 C25，现浇	m³	4.225
	4-2-49	C202 现浇雨篷	10m²	3.891

（4）构件做法汇总表如表 4-4 所示。

表 4-4　构件做法汇总表

编码	项目名称	单位	工程量	表达式说明
一、现浇板				
XB-1				
010505001001	有梁板 C30，130 厚，现浇混凝土楼板	m³	12.9498	TJ〈体积〉
4-2-36	C252 现浇有梁板	10m³	1.3124	TJ〈体积〉
XB-2				
010505001001	有梁板 C30，130 厚，现浇混凝土楼板	m³	71.5514	TJ〈体积〉
4-2-36	C252 现浇有梁板	10m³	7.2269	TJ〈体积〉
XB-3				
010505001001	有梁板 C30，130 厚，现浇混凝土楼板	m³	41.9217	TJ〈体积〉
4-2-36	C252 现浇有梁板	10m³	4.2244	TJ〈体积〉
二、雨篷				
YP-1				
010505008001	雨篷、悬挑板、阳台板 C25，现浇	m³	4.225	TJ〈体积〉
4-2-49	C202 现浇雨篷	10m²	3.891	MJ〈面积〉
三、栏板				
LB-1				
010505006001	栏板 100 厚，现浇	m³	1.372	TJ〈体积〉
4-2-51	C202 现浇栏板	10m³	0.1372	TJ〈体积〉

2. 构件汇总分析部分报表

绘图输入构件工程量明细表如表 4-5 所示。

表 4-5 绘图输入构件工程量明细表

序号	构件名称	工程量名称	单位	小 计	首层
一、现浇板					
1	XB-1	体积	m³	12.9498	12.9498
		底面模板面积	m²	90.0867	90.0867
		侧面模板面积	m²	0	0
		数量	块	4	4
		投影面积	m²	90.0867	90.0867
		超高模板面积	m²	90.0867	90.0867
		超高侧面模板面积	m²	0	0
		板厚	m	0.52	0.52
2	XB-2	体积	m³	71.5514	71.5514
		底面模板面积	m²	583.1856	583.1856
		侧面模板面积	m²	0	0
		数量	块	17	17
		投影面积	m²	583.1856	583.1856
		超高模板面积	m²	583.1856	583.1856
		超高侧面模板面积	m²	0	0
		板厚	m	1.87	1.87
3	XB-3	体积	m³	41.9217	41.9217
		底面模板面积	m²	269.5934	269.5934
		侧面模板面积	m²	0	0
		数量	块	7	7
		投影面积	m²	269.5934	269.5934
		超高模板面积	m²	269.5934	269.5934
		超高侧面模板面积	m²	0	0
		板厚	m	0.77	0.77
二、雨篷					
1	YP-1	体积	m³	4.225	4.225
		面积	m²	28.53	28.53
		模板面积	m²	28.53	28.53
		雨篷顶面装修面积	m²	25.63	25.63
		栏板内边线长度	m	32.6	32.6
		栏板外边线长度	m	36.6	36.6
		栏板中心线长度	m	34.6	34.6
		折算厚度	m	0.15160256410256	0.151602564102564
		栏板装修面积	m²	27.81	27.81
		雨篷侧面装修面积	m²	3.43	3.43
		雨篷底面装修面积	m²	28.51	28.51

续表

序号	构件名称	工程量名称	单位	小 计	首层
三、栏板					
1	LB-1	体积	m³	1.372	1.372
		模板面积	m²	24.84	24.84
		内边线长度	m	32.6	32.6
		外边线长度	m	36.6	36.6
		中心线长度	m	34.6	34.6
		面积	m²	10.29	10.29

项目 5 首层墙体、门窗工程量计算

■ **知识目标**
 ◆ 掌握墙体、过梁和门窗构件属性定义方法和界面环境。
 ◆ 掌握上述构件绘制的各种方法和调整修改操作。
 ◆ 掌握墙体、过梁和门窗构件工程量清单的编制和定额套取相关知识。
 ◆ 掌握墙体、过梁和门窗构件工程量的汇总计算与报表预览操作。
■ **能力目标**
 ◆ 能够应用算量软件进行墙体构件和门窗构件的定义和建模（绘制）。
 ◆ 能够正确编制墙体构件和门窗构件工程量清单并套取定额。
 ◆ 能够进行工程量的计算与预览。

任务 5.1 墙体的属性定义和绘制

5.1.1 墙体识图提示

1. 汽车工程中心墙体类型

通过识读建筑首层平面图和建筑设计总说明，得出该建筑为框架结构，外墙、内墙均为填充墙，局部空间有隔墙。

2. 墙体材料

一层平面图说明：墙体除注明外厚均为 200mm 加气混凝土砌块，内隔墙厚为 120mm。门垛除注明外厚均为 100mm，或与柱子边平齐，或居中，小于 100mm 门垛均用混凝土浇筑。

5.1.2 填充墙属性定义与绘制

1. 填充墙的属性定义

（1）单击展开"模块导航栏"中"绘图输入"选项下的"墙"列表项，单击墙，在右侧单击"新建"下拉菜单，选择"新建外墙"命令，软件自动命名创建的外墙为 Q-1。

（2）在图 5-1 所示的属性编辑框中输入 Q-1 的相关属性，"类别"选择"填充墙"，"材质"根据识图选择"加气混凝土"砌块，"砂浆"类型选择为"混合砂浆"，强度为 M5.0。

（3）墙体厚度根据图纸要求设置为 200mm，起点底标高设置为层底标高，起点顶标高设置为层顶标高。终点标高同上。

图 5-1 Q-1 属性设置

2. 填充墙的绘制方法

（1）墙体同梁一样为线性构件，墙体的绘制方法如图 5-2 所示有多种。其中，直线是以轴线的交点为中心或者构件的中心为起点通过直线的方式捕捉到另外一端的垂点来绘制墙体；点加长度是通过确定墙体的起始点和墙体的长度来绘制梁；三点画弧是用来绘制弧形墙体；"矩形"是通过选取区域产生矩形，其四边自动生成墙体；智能布置是按照轴线、梁轴线、梁中心线、基础中心线等参照来快速绘制墙体。

图 5-2　墙体的绘制方法

（2）通过识图发现，外墙墙体跟两端的框架柱在外侧一端对齐，之前我们讲过针对这种情况有四种调整方法：

方法一：选择直线绘图方法，确定起点和终点后按住 shift 键单击轴线交点，弹出位置偏移对话框设置好偏移量，单击"确定"按钮完成绘制。

方法二：选择直线绘图方法绘制完墙体，然后单击工具栏中的"移动"按钮，根据命令提示对绘制完成的墙体进行位置移动。

方法三：选择直线绘图方法绘制完墙体，单击"修改"菜单，选择"对齐—单对齐"命令，指定对齐目标线为框架柱的外侧，然后指定要对齐的边线，完成对齐操作。

方法四：在墙体属性定义窗口中的轴线距墙左一栏中输入：100，然后用直线方法绘制墙体即可。因为在上一项目绘制框架柱的时候，KZ-1 外侧距离轴线 1 的距离是 100。

（3）因为之前首层框架梁我们都绘制完毕，外墙墙体跟框架梁的外侧肯定是对齐的，我们在绘制墙体的时候可以利用之前绘制的框架梁，捕捉梁边线完成对齐操作。

3. A 轴、B 轴线上外墙填充墙的绘制

（1）用直线的方法捕捉到起点后开始绘制，确定好终点完成墙体绘制，如图 5-3 所示。

（2）最有效率的绘制方法：使用智能布置中的梁轴线，梁轴线指的是在既有梁又有轴线的地方自动绘制产生墙体，因为梁的对齐位置和墙的对齐位置都是相同的，跟轴线的关系也是相同的，所以用智能布置梁轴线可以迅速完成 A 轴和 B 轴上面其他墙体的绘制，如图 5-4 所示。

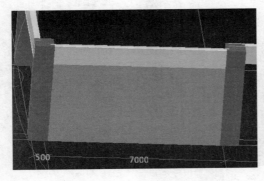

图 5-3　直线方法完成墙体绘制

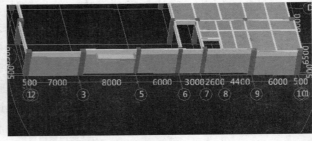

图 5-4　梁轴线完成墙体绘制

4. 快速完成其他轴线上外墙填充墙的绘制

如果用智能布置出现外墙跟梁边或者柱边不对齐的情况，可以用"修改"菜单里面的"对齐—单对齐"命令进行修改和调整。

5. 用智能布置方法或其他方法快速绘制完内部填充墙

在绘制内墙时要注意，内不填充墙厚度也是 200mm，但是墙体跟轴线是中心对称的关系，另外局部空间，如卫生间有隔墙，厚度为 120mm。

（1）右击构件列表 Q-1，在弹出的菜单中选择"复制"命令，自动生成 Q-2，把其属性修改为内墙即可。

（2）用智能布置—轴线的方法，快速绘制完成 6 轴和 7 轴上面的内墙，如图 5-5 所示。

（3）用直线的绘制方法完成 J、H、F、E、D、C、G、9 轴线上部分位置内部填充墙体的绘制，如图 5-6 所示。

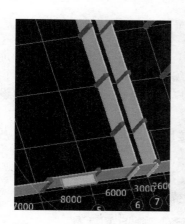

图 5-5　6 轴和 7 轴的内墙绘制

图 5-6　其他墙体的绘制

这些内部填充墙体在绘制的时候最好不用智能布置方式，因为并不是在整条轴线上都有填充墙。如果用智能布置方法的话，绘制完成后还要进行打断和删除操作，最好的方式还是用直线的绘制方法。

（4）用直线绘制方法通过偏移操作来绘制卫生间和配电间隔墙，如图 5-7 所示。

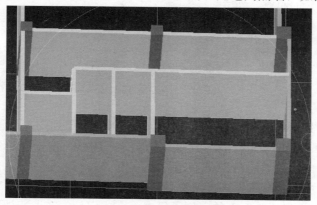

图 5-7　卫生间和配电间隔墙的绘制

任务 5.2　首层墙体工程量清单编制和定额套取

5.2.1　外墙工程量清单编制和定额套取

（1）选中 Q-1，在绘图窗口界面中单击工具栏中的"框架梁定义"按钮，然后单击构件列表右边的"添加清单"按钮，展开清单编辑输入界面，如图 5-8 所示。

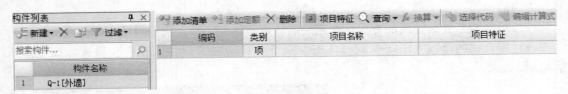

图 5-8　Q-1 清单编辑输入界面

（2）在图 5-9 所示的查询匹配清单、查询匹配定额、查询清单库、查询匹配外部清单、查询措施、查询定额库等项目来完成外墙工程量清单的编制和定额套取。

① 匹配的清单和定额，是软件开发者为了方便用户，快速找到合适的项目而设计的。不是百分之百准确的，还应按本工程的实际情况设置。

② 当匹配是空白时，或者没有合适的列项，可直接用查询功能在查询清单库、查询定额库里面查找。

③ 只要清单工程的特征、做法、构造、材料不同，清单一般编写也不同，所套定额也不同，即使某些情况套相同的定额肯定也会对定额进行替换调整或其他调整。

查询匹配清单	查询匹配定额	查询清单库	查询匹配外部清单	查询措施	查询定额库

	编码	清单项	单位
1	010202001	地下连续墙	m³
2	010401003	实心砖墙	m³
3	010401004	多孔砖墙	m³
4	010401005	空心砖墙	m³
5	010401006	空斗墙	m³
6	010401007	空花墙	m³
7	010401008	填充墙	m³
8	010402001	砌块墙	m³
9	010403002	石勒脚	m³
10	010403003	石墙	m³
11	010403004	石挡土墙	m³

图 5-9　查询匹配清单项

（3）在图 5-9 中找到匹配的清单项 010401008，双击添加到图 5-8 清单编码上面，因为完整的清单一共 12 位，在前 9 位清单编码后面再输入 001，输入项目特征：加气混凝土，200 厚。完成对 Q-1 的清单编码的填写，如图 5-10 所示。

（4）单击图 5-9 中的"查询"匹配定额选项，选择定额 3-3-61（M5.0 混浆加气混凝土砌块墙 200），双击添加到清单下面的定额子目中，完成定额的套取，如图 5-11 所示。

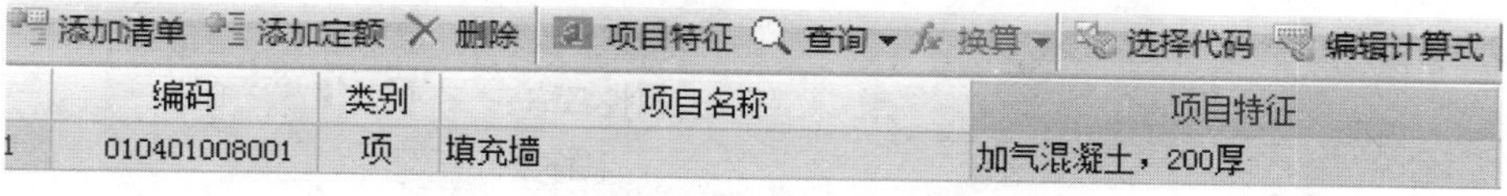

添加清单
添加定额
删除
项目特征
查询
换算
选择代码
编辑计算式
编码
类别
项目名称
项目特征
1
010401008001
项
填充墙
加气混凝土，200厚

图 5-10　Q-1 清单编码填写界面

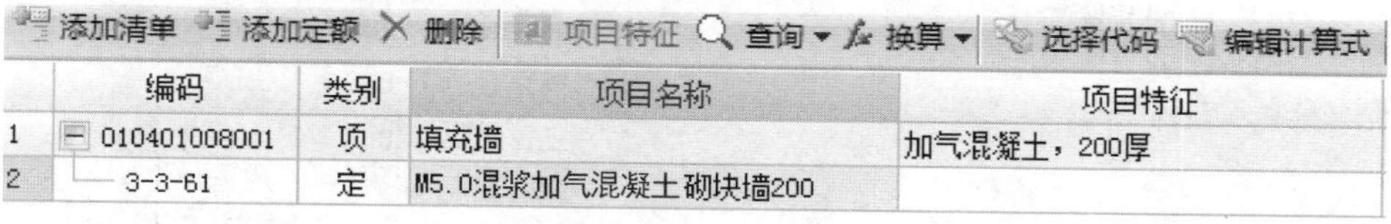

添加清单
添加定额
删除
项目特征
查询
换算
选择代码
编辑计算式
编码
类别
项目名称
项目特征
1
010401008001
项
填充墙
加气混凝土，200厚
2
3-3-61
定
M5.0混浆加气混凝土砌块墙200

图 5-11　定额套取 3-3-61

5.2.2　内墙工程量清单编制和定额套取

内墙厚度与外墙厚度相同，都为 200mm，并且都为填充墙，材料也都是加气混凝土砌块，可以把内墙与外墙编为一个清单。用格式刷复制外墙的做法到内墙上面，如图 5-12 所示。

做法刷
覆盖
追加
过滤
多条件过滤
首层
墙
墙
Q-2[内墙]
编码
类别
项目名称
单位
1
010401008001
项
填充墙
m3
2
3-3-61
定
M5.0混浆加气混凝土砌块
m3

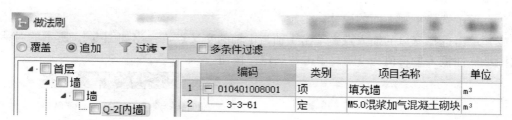

图 5-12　内墙清单

任务 5.3　首层门窗洞口属性定义与绘制

5.3.1　外墙 1 轴与 2 轴上面门窗的定义与绘制

1. C-1 的属性定义

（1）通过识图知道 C-1 的基本信息为：窗高度为 2650mm，窗宽度为 1500mm。窗户底标高为 0.3m。

（2）单击展开“模块导航栏”中“绘图输入”选项下的“门窗洞”列表项，双击“窗”选项，在右侧单击“新建”下拉菜单，选择“新建矩形窗”命令，软件自动命名创建的窗为 C-1。

（3）在图 5-13 右侧的属性编辑框中输入 C-1 的相关属性，如窗口的高度和宽度，窗口离地高度等属性值。

2. C-1 的绘制

窗户的绘制方法包含点、智能布置、精确布置三种。选择“精确布置”方法来进行绘制 C-1，如图 5-14 所示。

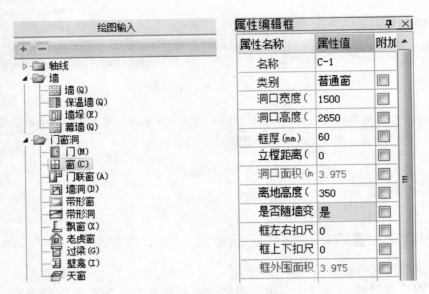

图 5-13　创建窗口及设置其属性

（1）单击选择 1 轴上面的墙体。

（2）单击选择窗口的插入点，单击 J 轴与 1 轴的交叉点，弹出如图 5-15 所示的对话框，根据图纸标注输入偏移值为-450。单击"确定"按钮。

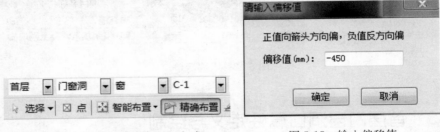

图 5-14　选择"精确布置"方式　　　　　　图 5-15　输入偏移值

（3）完成首个 C-1 的绘制，按照相同的方法逐个绘制相邻的 C-1。直到 J 轴与 G 轴之间的 C-1 全部绘制完毕。或者用复制的方法把 C-1 沿着 1 轴墙体复制也可以，注意复制的时候找好插入点和确定好偏移量。绘制完成如图 5-16 所示。

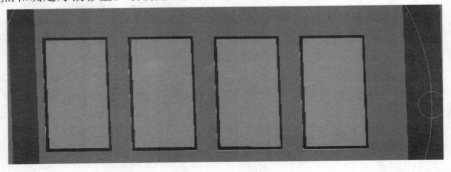

图 5-16　1 轴上 C-1 的绘制

3. C-5 的属性定义与绘制

通过识图得知，C-5 宽度为 3600mm，高度同 C-1 为 2650mm，离地高度同 C-1 为 0.3m。位置在 2 轴线上面，G 轴与 F 轴之间。

按照前述方法创建矩形窗，命名为 C-5。我们选择"精确布置"方式来进行绘制 C-5，如图 5-17 所示。具体操作方法和步骤同 C-1 的绘制。

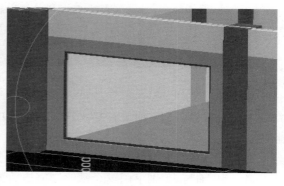

图 5-17 绘制 C-5

4. 完成 2 轴上其他绘制

按照上述方法继续完成 2 轴上面：C-4、C-2、C-3、C-13 的定义和绘制，如图 5-18 所示。其中，这几个窗口高度同为 2650mm，宽度分别为：4500mm、2100mm、1200mm、900mm。

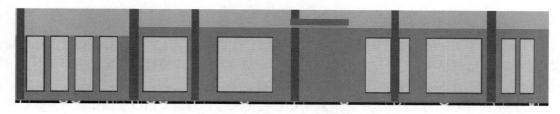

图 5-18 2 轴上其他绘制效果图

5. 绘制门 M-1

门 M-1 位置在 2 轴上面，E 轴与 D 轴之间。门宽为 3600mm，门高为 3350mm。因为我们以结构层的标高为主，首层底标高为－0.05m，所以门的离地高度我们设置为 50mm，然后用精确布置绘制完 M-1，如图 5-19 所示。

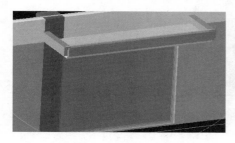

图 5-19 门 M-1 的绘制

5.3.2 其他轴线上外墙门窗的定义与绘制

1. A 轴与 B 轴上面门窗的定义与绘制

（1）通过识图知道 A 轴上有 C-1 和 C-3，在前面已经定义过，只需要通过精确布置的方法绘制完成即可；B 轴上有 C-3、C-2、C-1，C-2，前面同样已经定义过，只需要通过精确布置的方法绘制完成即可；M-3 需要通过新建来定义，通过识图知道 M3 尺寸为门高 3600mm，门宽 2950mm。

（2）在门 M-1 上右击，选择菜单中的"复制"命令，生成 M-3 构件。修改属性门宽为 3600mm，门高为 2950mm。因为以结构层的标高为主，首层底标高为－0.05mm，所以门的离地高度我们设置为 50mm，然后用精确布置绘制完 M-3。

（3）A 轴与 B 轴上门窗绘制完成后如图 5-20 所示。

2. 10 轴与 11 轴上面门窗的定义与绘制

（1）通过识图知道 10 轴上有 C-1 和 C-4，在前面已经定义过，只需要通过精确布置的

图 5-20 A 轴与 B 轴上的门窗

方式绘制完成即可；11 轴上有 C-3 和 M-4；其中 C-3 在前面也已经定义过，只需定义和绘制 M-4。

（2）在门 M-3 上右击选择菜单中的"复制"命令，生成 M-4 构件，修改属性门宽为1200mm。10 轴与 11 轴上门窗全部绘制完毕后如图 5-21 所示。

图 5-21 10 轴与 11 轴上的门窗

3. L 轴与 K 轴上面门窗的定义与绘制

（1）通过识图知道 L 轴上有 M-1、M-2、MC-1 与 C-5，其中 M-1 与 C-5 在前面已经定义过，只需要通过精确布置的方法绘制完成即可；M-2 与 MC-1 需要新建定义。M-2 与 M-3尺寸相同，只不过 M-2 为钢木门，MC-1 为门联窗。

K 轴上面有 C-6 与 C-2，其中 C-2 在前面已经定义过，只需要通过精确布置的方式绘制完成即可。

（2）在门 M-3 上右击选择菜单中的"复制"命令，生成 M-2 构件。在"绘图输入"窗口中展开"门窗洞"列表框，选择"门联窗"选项。构件列表框中单击新建门联窗命令，在下面生成 MC-1 构件，输入门联窗的相关属性值。

（3）L 轴与 K 轴上门窗绘制完成后如图 5-22 所示。

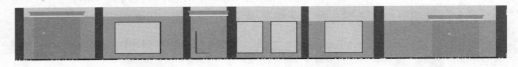

图 5-22 L 轴与 K 轴上的门窗

5.3.3 内墙木门和防火门窗的定义与绘制

（1）首层内墙门主要是木门 MM-1、MM-2 与防火门 FM-1、FM-2，内墙窗户为防火窗FC-1。

（2）新建 MM-1，输入属性值门高：2100mm，门宽：3000mm。新建 MM-1，输入属性值门高：2100mm，门宽：1500mm。

（3）新建 FM-1，输入属性值门高：2100mm，门宽：1500mm。新建 FM-1，输入属性值门高：2100mm，门宽：900mm。

（4）新建 FC-1，输入属性值窗高：2050mm，窗宽：3000mm。

（5）用之前描述的绘制方法完成首层内墙上面木门和防火门以及防火窗的定义和绘制。

经验提示

在汽车工程中心案例中没有带形窗和飘窗，广联达土建算量软件中可以直接定义带形窗和飘窗，具体定义时按照图纸要求输入相关参数即可，然后在图形绘制界面中进行绘制。

如果软件系统提供的飘窗构造类型不符合具体图纸要求，可以用组合构件建立飘窗，如用带型窗建立图元再利用组合构件组成飘窗，飘窗的工程量直接用榫。如果计算面积，可以在表达式里面直接输入数值计算各个窗面的面积。

组合构件可以将若干个单独的构件组合形成一个综合构件，有关组合构件的使用在后面楼梯章节中再详细介绍。

任务5.4 首层门窗工程量清单编制

5.4.1 首层门工程量清单编制

（1）在汽车工程中心图纸中找到门窗表，先浏览一下该工程门的种类、尺寸和数量，如图5-23所示。

		MC1		2800×2200
塑钢门窗	L99J605	C13		900×2650
		C12		600×2350
		C11		2800×2350
		C10		1200×2350
		C9		900×2350
		C8		3000×2350
		C7		1500×2350
		C6		3000×2650
		C5		36000×2650
		C4		4500×2650
		C3		1200×2650
		C2		2100×2650
		C1		1500×2650
		M4		1200×2950
		M3		3600×2950
钢木门		M2	厂家样本	3600×2950
		M1	厂家样本	3600×3350
木门	L92J601	MM4	厂家样本	1050×2100
		MM3	厂家样本	950×2100
		MM2	厂家样本	1500×2100
		MM1	厂家样本	3000×2100

图5-23 工程门的种类、尺寸和数量

（2）选择门M1，窗口界面中单击工具栏中的"定义"按钮，然后单击构件列表右边的"添加清单"按钮，展开清单编辑输入界面。

注意M1是钢木门，在匹配清单列表框中找到合适的清单项目，用鼠标双击，添加到清单编辑输入界面。

（3）在图 5-24 中找到匹配的清单项 010804002，双击添加到清单编码中，因为完整的清单一共 12 位，在前 9 位清单编码后面再输入 001，完成对钢木门 M-1 的清单编码的填写。

（4）继续输入项目名称和项目特征：钢木门 M-1，3600×3350，钢木门，厂家样本。单击工程梁表达式右边的按钮，弹出选择"工程量代码"窗口，在工程量代码列表（图 5-25）中选择数量作为计算工程量的表达式。

查询匹配清单 查询匹配定额 查询清单库 查询匹配外部

	编码	清单项	单位
1	010801001	木质门	樘/m²
2	010801002	木质门带套	樘/m²
3	010801003	木质连窗门	樘/m²
4	010801004	木质防火门	樘/m²
5	010801005	木门框	樘/m²
6	010801006	门锁安装	个/套
7	010802001	金属（塑钢）门	樘/m²
8	010802002	彩板门	樘/m²
9	010802003	钢质防火门	樘/m²
10	010802004	防盗门	樘/m²
11	010803001	金属卷帘（闸）门	樘/m²
12	010803002	防火卷帘（闸）门	樘/m²
13	010804001	木板大门	樘/m²
14	010804002	钢木大门	樘/m²
15	010804003	全钢板大门	樘/m²

图 5-24　查找 010804002

选择工程量代码

工程量代码列表

	工程量名称	工程量代码
1	洞口面积	DKMJ
2	框外围面积	KWWMJ
3	数量	SL
4	洞口三面长度	DKSMCD
5	洞口宽度	DKKD
6	洞口高度	DKGD
7	洞口周长	DKZC

图 5-25　工程量代码列表

（5）门的计算单位我们选择为樘，完成对钢木门 M1 的工程量清单编制，如图 5-26 所示。

添加清单　添加定额　×删除　项目特征　Q查询▾　换算▾　选择代码　编辑计算式　做法

	类别	项目名称	项目特征	单位	工程量表达式
1	项	钢木门M1	3600*3350,钢木门，厂家样本	樘	SL

图 5-26　钢木门 M1 工程量清单

（6）双击找到匹配的清单项添加到清单编码中，继续输入项目名称和项目特征，单击工程梁表达式右边的按钮弹出工程量代码窗口，在工程量代码列表中选择数量作为计算工程量的表达式。完成对钢木门 M2 的工程量清单编制，如图 5-27 所示。

编码	项目名称	类别	项目特征	单位	工程量表达式
010804002002	钢木大门M2	项		樘	SL

图 5-27　钢木门 M2 工程量清单

（7）双击找到匹配的清单项添加到清单编码中，继续输入项目名称和项目特征，单击工程梁表达式右边的按钮弹出工程量代码窗口，在工程量代码列表中选择数量作为计算工程量的表达式。完成对金属门 M3 的工程量清单编制，如图 5-28 所示。

编码	项目名称	类别	项目特征	单位	工程量表达式
010802001001	金属（塑钢）门M3	项	3600*2950	樘	SL

图 5-28　金属门 M3 工程量清单

（8）双击找到匹配的清单项添加到清单编码中，继续输入项目名称和项目特征，完成对金属门 M4 的工程量清单编制，如图 5-29 所示。

编码	项目名称	类别	项目特征	单位	工程量表达式
010802001002	金属（塑钢）门 M4	项	1200*2950	樘	SL

图 5-29　金属门 M4 工程量清单

其余的木质门 MM1-MM4、防火门 FM 工程量清单编制方法同上。

5.4.2　首层窗户工程量清单编制

（1）在汽车工程中心图纸中找到门窗表，先浏览一下该工程窗户的种类、尺寸和数量。首层窗主要以塑钢窗为主，另外还有一扇防火窗 FC1，如图 5-30 所示。

（2）选择门 C1，窗口界面中单击工具栏中的"定义"按钮，然后单击构件列表右边的"添加清单"按钮，展开清单编辑输入界面。注意 C1 是塑钢窗，在匹配清单列表框中找到合适的清单项目，用鼠标双击，添加到清单编辑输入界面。

（3）在图 5-31 中找到匹配的清单项 010807001，双击添加到清单编码上面，因为完整的清单一共 12 位，在前 9 位清单编码后面再输入 001，完成对塑钢窗 C1 的清单编码的填写。

		MC1	2800×2200
		C13	900×2650
		C12	600×2350
		C11	2800×2350
		C10	1200×2350
		C9	900×2350
		C8	3000×2350
塑钢门窗	L99J605	C7	1500×2350
		C6	3000×2650
		C5	36000×2650
		C4	4500×2650
		C3	1200×2650
		C2	2100×2650
		C1	1500×2650
		M4	1200×2950
		M3	3600×2950

图 5-30　塑钢门窗的种类、尺寸和数量

查询匹配清单　查询匹配定额　查询清单库　查询匹配外部清单　查询措施

	编码	清单项	单位
1	010806001	木质窗	樘/m²
2	010806002	木飘（凸）窗	樘/m²
3	010806003	木橱窗	樘/m²
4	010806004	木纱窗	樘/m²
5	010807001	金属（塑钢、断桥）窗	樘/m²
6	010807002	金属防火窗	樘/m²
7	010807003	金属百叶窗	樘/m²
8	010807004	金属纱窗	樘/m²
9	010807005	金属格栅窗	樘/m²
10	010807006	金属（塑钢、断桥）橱窗	樘/m²
11	010807007	金属（塑钢、断桥）飘（凸）窗	樘/m²
12	010807008	彩板窗	樘/m²
13	010807009	复合材料窗	樘/m²

图 5-31　查找匹配的塑钢窗

（4）继续输入项目名称和项目特征：塑钢窗户 C1，1500×2650，塑钢材质，厂家样本。单击工程梁表达式右边的按钮，弹出查找"工程量代码"窗口，在工程量代码列表中选择数量作为计算工程量的表达式。完成对 C1 的工程量清单编制。如图 5-32 所示。

编码	项目名称	类别	项目特征	单位	工程量表达式
010807001001	塑钢窗 C1	项	1500*2650	樘	SL

图 5-32　塑钢窗 C1 的工程量清单

（5）因为剩余的 C2、C3、C4、C5、C6、C13 同为塑钢窗，用做法刷把 C1 的清单做法复制到这些窗户上，如图 5-33 所示，再进行清单名称、编码和特征的修改即可，这样可以

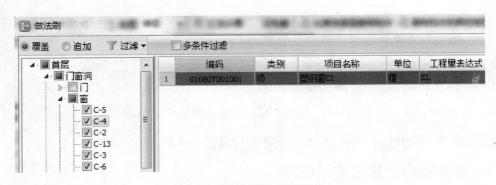

图 5-33　复制剩余的塑钢窗

提高一下绘图的速度和效率。

（6）按照同样的方法对首层出现的防火窗 FC1 进行工程量清单的编制，也可以同时建立剩余的 FC2、FC3、FC4 三个构件，完成所有防火窗的构件建立和清单编制任务。

任务 5.5　首层门窗洞口过梁工程量计算

5.5.1　首层门窗洞口过梁的属性定义与绘制

1. 过梁识图要点

识读结构设计总说明和建筑设计总说明，得知门窗洞口过梁宽度同墙厚，过梁的高度根据洞口宽度不同设置不同，过梁的受力筋和箍筋不同。具体如图 5-34 所示。

2. 过梁构件属性定义

（1）单击展开"模块导航栏"中"绘图输入"选项下的"门窗洞"列表项，单击"过梁"选项，在右侧单击新建下拉菜单，选择"新建过梁"命令，软件自动命名新建的过梁为GL-1，如图 5-35 所示。

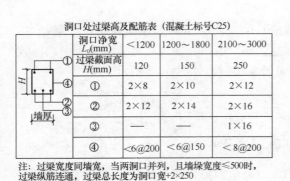

洞口处过梁高及配筋表（混凝土标号C25）

	洞口净宽 L_0(mm)	<1200	1200～1800	2100～3000
	过梁截面高 H(mm)	120	150	250
①	①	2×8	2×10	2×12
②	②	2×12	2×14	2×16
③	③	—	—	1×16
④	④	<6@200	<6@150	<8@200

注：过梁宽度同墙宽，当两洞口并列，且墙垛宽度≤500时，过梁纵筋连通，过梁总长度为洞口宽+2×250

图 5-34　过梁具体信息

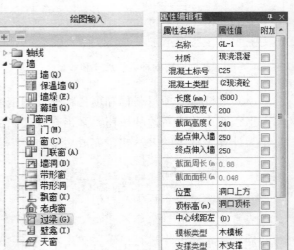

图 5-35　创建过梁及属性设置

（2）在图 3-35 右侧属性编辑框中输入 GL-1 的相关属性，根据识图信息混凝土标号选择 C25，长度设置为 500mm，截面宽度同墙厚设置为 200。

（3）过梁位置设置为"洞口上方"，"顶标高"设置为"洞口顶高加过梁高度"，"模板类型"设置为"木模板"，"支撑类型"设置为"木支撑"。

3. 过梁构件的绘制方法

（1）过梁的绘制方法包括点、智能布置、设置拱过梁和自动生成过梁四种，如图 5-36 所示。其中点的方法很简单，确定好门窗洞口的位置单击鼠标左键即可。

图 5-36　绘制过梁的方法

（2）智能布置包括按门、窗、门联窗、墙洞、带型窗、带型洞布置；根据门窗洞口宽度布置；根据壁龛、飘窗布置等几种情况，绘图的时候可以根据实际情况选择合适的智能布置方法来快速完成过梁的绘制。

其中，根据洞口宽度布置过梁是常用的一种方法，在智能布置菜单中单击"根据洞口宽度布置过梁"选项，会出现一个对话框，如图 5-37 所示。在对话框中选择布置的类型：门、窗、门联窗、墙洞，然后设置好布置条件即可，系统会自动对满足条件的洞口绘制定义好的过梁构件。

图 5-37　"按洞口宽度布置过梁"对话框

 经验提示

门窗洞口过梁的绘制可以利用依附构件来进行：

（1）定义好过梁构件，输入完整的属性数值。

（2）将过梁构件定义为依附于某门窗构件的依附构件。

（3）在图形输入界面中绘制该门窗构件，同时会自动绘制完成依附于该门窗构件的过梁构件。

依附构件的使用经常出现在装饰装修工程量计算中，把单个构件依附在房间构件上面，具体操作在以后章节中会介绍。

4. 自动生成过梁的绘制方法

（1）传统的构件建模一般是先定义后绘制，自动生成过梁的方法可以不用预先定义过梁构件，而是在自动生成过梁构件的同时构件的定义同时出现。

（2）因为汽车工程中心首层门窗洞口过梁的特点是不同宽度过梁高度不同，因此采用自动生成过梁可以起到事半功倍的效果。单击"自动生成过梁"按钮，弹出如图 5-38 所示的对话框，在对话框中进行设置，单击"确定"按钮后框选洞口自动生成过梁成功。

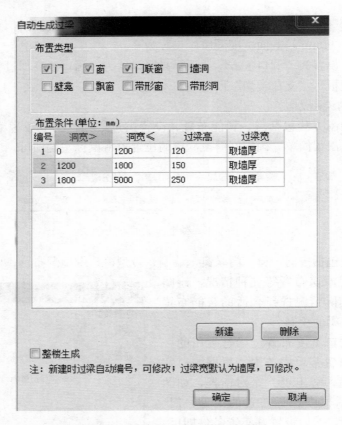

图 5-38　"自动生成过梁"对话框

5.5.2　首层门窗过梁工程量清单编制

（1）选择 GL-1，在绘图窗口界面单击工具栏中的"定义"按钮，然后单击构件列表右边的"添加清单"按钮，展开清单编辑输入界面。在匹配清单列表框中找到合适的清单项目，用鼠标双击，添加到清单编辑输入界面。

查询匹配清单	查询匹配定额	查询清单库	查询匹配外
	编码	清单项	单位
1	010503005	过梁	m³
2	010510003	过梁	m³/根
3	011702009	过梁	m²

图 5-39　查找匹配清单中合适项目

（2）在图 5-39 中找到匹配的清单项 010503005，双击添加到清单编码上面，因为完整的清单一共 12 位，在前 9 位清单编码后面再输入 001，完成对过梁 GL-1 的清单编码的填写。

（3）继续输入项目名称和项目特征：过梁 GL-1，现浇混凝土、C25。完成对过梁 GL-1 的工程量清单编制，如图 5-40 所示。

	编码	类别	项目名称	项目特征	单位
1	010503005001	项	过梁	现浇，C25	m³

图 5-40　过梁 GL-1 工程量清单

（4）单击"查询匹配定额"选项，如图 5-41 所示，找到定额 4-2-27 添加到清单

	编码	名称	单位	单价
1	3-1-25	M5.0混浆砖过梁	10m³	3658.5
2	4-2-27	C253现浇过梁	10m³	3912.28
3	10-4-116	过梁组合钢模板木支撑	10m²	676.95
4	10-4-117	过梁复合木模板木支撑	10m²	588.55
5	10-4-118	过梁胶合板模板木支撑	10m²	500.31

图 5-41　查找 4-2-27 清单

里面。

（5）用做法刷工具把 GL-1 的做法复制到 GL-2 和 GL-3 上面，完成对首层所有过梁的清单编制和定额套取任务。

任务 5.6　首层墙、门窗、过梁工程量汇总计算与报表预览

5.6.1　首层墙、门窗、过梁工程量汇总计算

1. 汇总计算

单击工具栏"汇总计算"按钮，弹出汇总计算对话框，如图 5-42 所示，设置好汇总计算的楼层、构件类型和名称，单击"确定"按钮开始计算。

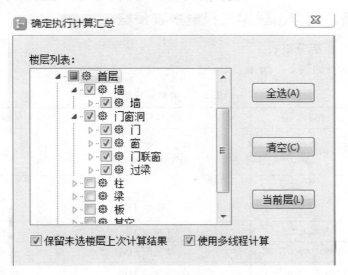

图 5-42　汇总计算对话框

2. 查看单个构件图元工程量与计算公式

用鼠标选择某一个构件图元，然后单击工具栏中的"查看工程量"按钮和"查看计算公式"按钮。在图 5-43 所示的对话框中查看所用的公式。

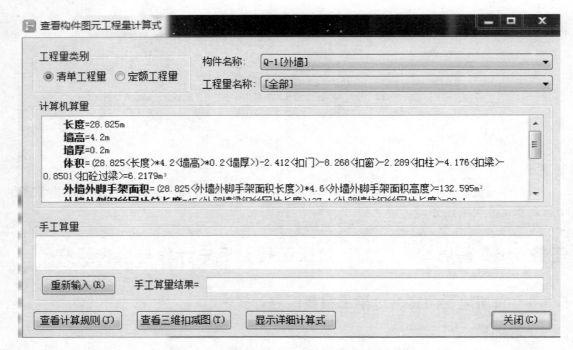

图 5-43　查看计算公式对话框

5.6.2　首层墙、门窗、过梁工程量报表预览

1. 做法汇总分析部分报表

（1）清单汇总表如表 5-1 所示。

表 5-1　清单汇总表

序号	编码	项目名称	单位	工程量
1	010401008001	填充墙 加气混凝土，200 厚	m³	188.0705
2	010503005001	过梁 现浇，C25	m³	5.0069
3	010801001001	木质门 MM1	樘	4
4	010801001002	木质门 MM2	樘	3
5	010801001003	木质门 MM3	樘	2
6	010802001001	金属（塑钢）门 M3 3600×2950	樘	1
7	010802001002	金属（塑钢）门 M4 1200×2950	樘	1
8	010802003001	钢质防火门 FM1	樘	3

续表

序号	编码	项目名称	单位	工程量
9	010802003002	钢质防火门 FM2	樘	2
10	010804002001	钢木门 M1 3600×3350，钢木门，厂家样本	樘	2
11	010804002002	钢木大门 M2	樘	1
12	010807001001	塑钢窗 C1 1500×2650	樘	9
13	010807001002	塑钢窗 C2 1500×2650	樘	5
14	010807001003	塑钢窗 C3 1500×2650	樘	7
15	010807001004	塑钢窗 C4 1500×2650	樘	7
16	010807001005	塑钢窗 C5 1500×2650	樘	2
17	010807001006	塑钢窗 C6 1500×2650	樘	1
18	010807001013	塑钢窗 C13 1500×2650	樘	1
19	010807002001	金属防火窗 FC1	樘	2

（2）清单定额构件明细表如表 5-2 所示。

表 5-2　清单定额构件明细表

序号	编码/楼层		项目名称/构件名称	单位	工程量
1	010401008001		填充墙 加气混凝土，200 厚	m³	188.0705
	3-3-61		M5.0 混浆加气混凝土砌块墙 200	10m³	18.8002
1.1	绘图输入	首层	Q-1［外墙］	10m³	5.2862
			Q-2［内墙］	10m³	13.514
			小　计	10m³	18.8002
		合　计		10m³	18.8002
2	010503005001		过梁 现浇，C25	m³	5.0069
	4-2-27		C253 现浇过梁	10m³	0.5007
2.1	绘图输入	首层	GL-1	10m³	0.047
			GL-2	10m³	0.0647
			GL-3	10m³	0.389
			小　计	10m³	0.5007
		合　计		10m³	0.5007

序号	编码/楼层	项目名称/构件名称	单位	工程量
3	010801001001	木质门 MM1	樘	4
4	010801001002	木质门 MM2	樘	3
5	010801001003	木质门 MM3	樘	2
6	010802001001	金属（塑钢）门 M3 3600×2950	樘	1
7	010802001002	金属（塑钢）门 M4 1200×2950	樘	1
8	010802003001	钢质防火门 FM1	樘	3
9	010802003002	钢质防火门 FM2	樘	2
10	010804002001	钢木门 M1 3600×3350，钢木门，厂家样本	樘	2
11	010804002002	钢木大门 M2	樘	1
12	010807001001	塑钢窗 C1 1500×2650	樘	9
13	010807001002	塑钢窗 C2 1500×2650	樘	5
14	010807001003	塑钢窗 C3 1500×2650	樘	7
15	010807001004	塑钢窗 C4 1500×2650	樘	7
16	010807001005	塑钢窗 C5 1500×2650	樘	2
17	010807001006	塑钢窗 C6 1500×2650	樘	1
18	010807001013	塑钢窗 C13 1500×2650	樘	1
19	010807002001	金属防火窗 FC1	樘	2

（3）构件做法汇总表如表 5-3 所示。

表 5-3 构件做法汇总表

编码	项目名称	单位	工程量	表达式说明
绘图输入一〉首层				
一、墙				
Q-1［外墙］				
010401008001	填充墙 加气混凝土，200 厚	m³	52.8619	TJ〈体积〉
3-3-61	M5.0 混浆加气混凝土砌块墙 200	10m³	5.2862	TJ〈体积〉
Q-2［内墙］				

续表

编码	项目名称	单位	工程量	表达式说明
010401008001	填充墙 加气混凝土，200 厚	m³	135.2086	TJ〈体积〉
3-3-61	M5.0 混浆加气混凝土砌块墙 200	10m³	13.514	TJ〈体积〉
二、门				
M-1				
010804002001	钢木门 M1 3600×3350，钢木门，厂家样本	樘	2	SL〈数量〉
M-3				
010802001001	金属（塑钢）门 M3 3600×2950	樘	1	SL〈数量〉
M-4				
010802001002	金属（塑钢）门 M4 1200×2950	樘	1	SL〈数量〉
M-2				
010804002002	钢木大门 M2	樘	1	SL〈数量〉
MM-1				
010801001001	木质门 MM1	樘	4	SL〈数量〉
MM-2				
010801001002	木质门 MM2	樘	3	SL〈数量〉
MM-3				
010801001003	木质门 MM3	樘	2	SL〈数量〉
FM-1				
010802003001	钢质防火门 FM1	樘	3	SL〈数量〉
FM-2				
010802003002	钢质防火门 FM2	樘	2	SL〈数量〉
三、窗				
C-1				
010807001001	塑钢窗 C1 1500×2650	樘	9	SL〈数量〉
C-5				
010807001005	塑钢窗 C5 1500×2650	樘	2	SL〈数量〉
C-4				
010807001004	塑钢窗 C4 1500×2650	樘	7	SL〈数量〉
C-2				
010807001002	塑钢窗 C2 1500×2650	樘	5	SL〈数量〉
C-13				
010807001013	塑钢窗 C13 1500×2650	樘	1	SL〈数量〉

续表

编码	项目名称	单位	工程量	表达式说明
C-3				
010807001003	塑钢窗 C3 1500×2650	樘	7	SL〈数量〉
C-6				
010807001006	塑钢窗 C6 1500×2650	樘	1	SL〈数量〉
FC-1				
010807002001	金属防火窗 FC1	樘	2	SL〈数量〉
四、过梁				
GL-1				
010503005001	过梁 现浇，C25	m³	0.4704	TJ〈体积〉
4-2-27	C253 现浇过梁	10m³	0.047	TJ〈体积〉
GL-2				
010503005001	过梁 现浇，C25	m³	0.6465	TJ〈体积〉
4-2-27	C253 现浇过梁	10m³	0.0647	TJ〈体积〉
GL-3				
010503005001	过梁 现浇，C25	m³	3.89	TJ〈体积〉
4-2-27	C253 现浇过梁	10m³	0.389	TJ〈体积〉

2. 构件汇总分析部分报表

绘图输入构件工程量明细表如表 5-4 所示。

表 5-4　绘图输入构件工程量明细表

序号	构件名称	工程量名称	单位	小计	首层
一、墙					
1	Q-1［外墙］	体积	m³	52.8619	52.8619
		外墙外脚手架面积	m²	816.96	816.96
		外墙外侧钢丝网片总长度	m	578.4	578.4
		外部墙梁钢丝网片长度	m	274.8	274.8
		外部墙柱钢丝网片长度	m	303.6	303.6
		外墙外侧满挂钢丝网片面积	m²	563.655	563.655
		墙厚	m	2.4	2.4
		墙高	m	50.4	50.4
		长度	m	177.8	177.8

续表

序号	构件名称	工程量名称	单位	小计	首层
2	Q-2〔内墙〕	体积	m³	135.2086	135.2086
		内墙脚手架面积	m²	894.1445	894.1445
		内墙两侧钢丝网片总长度	m	858.5	858.5
		内部墙梁钢丝网片长度	m	434.9	434.9
		内部墙柱钢丝网片长度	m	423.6	423.6
		墙厚	m	3.2	3.2
		墙高	m	67.2	67.2
		长度	m	238.2	238.2

二、门

序号	构件名称	工程量名称	单位	小计	首层
1	FM-1	洞口面积	m²	9.45	9.45
		框外围面积	m²	9.45	9.45
		数量	樘	3	3
		洞口三面长度	m	5.7	5.7
		洞口宽度	m	1.5	1.5
		洞口高度	m	2.1	2.1
		洞口周长	m	7.2	7.2
2	FM-2	洞口面积	m²	3.78	3.78
		框外围面积	m²	3.78	3.78
		数量	樘	2	2
		洞口三面长度	m	5.1	5.1
		洞口宽度	m	0.9	0.9
		洞口高度	m	2.1	2.1
		洞口周长	m	6	6
3	M-1	洞口面积	m²	24.12	24.12
		框外围面积	m²	24.12	24.12
		数量	樘	2	2
		洞口三面长度	m	10.3	10.3
		洞口宽度	m	3.6	3.6
		洞口高度	m	3.35	3.35
		洞口周长	m	13.9	13.9
4	M-2	洞口面积	m²	10.62	10.62
		框外围面积	m²	10.62	10.62
		数量	樘	1	1
		洞口三面长度	m	9.5	9.5
		洞口宽度	m	3.6	3.6
		洞口高度	m	2.95	2.95
		洞口周长	m	13.1	13.1

续表

序号	构件名称	工程量名称	单位	小计	首层
5	M-3	洞口面积	m²	10.62	10.62
		框外围面积	m²	10.62	10.62
		数量	樘	1	1
		洞口三面长度	m	9.5	9.5
		洞口宽度	m	3.6	3.6
		洞口高度	m	2.95	2.95
		洞口周长	m	13.1	13.1
6	M-4	洞口面积	m²	3.54	3.54
		框外围面积	m²	3.54	3.54
		数量	樘	1	1
		洞口三面长度	m	7.1	7.1
		洞口宽度	m	1.2	1.2
		洞口高度	m	2.95	2.95
		洞口周长	m	8.3	8.3
7	MM-1	洞口面积	m²	25.2	25.2
		框外围面积	m²	25.2	25.2
		数量	樘	4	4
		洞口三面长度	m	7.2	7.2
		洞口宽度	m	3	3
		洞口高度	m	2.1	2.1
		洞口周长	m	10.2	10.2
8	MM-2	洞口面积	m²	9.45	9.45
		框外围面积	m²	9.45	9.45
		数量	樘	3	3
		洞口三面长度	m	5.7	5.7
		洞口宽度	m	1.5	1.5
		洞口高度	m	2.1	2.1
		洞口周长	m	7.2	7.2
9	MM-3	洞口面积	m²	3.99	3.99
		框外围面积	m²	3.99	3.99
		数量	樘	2	2
		洞口三面长度	m	5.15	5.15
		洞口宽度	m	0.95	0.95
		洞口高度	m	2.1	2.1
		洞口周长	m	6.1	6.1

续表

序号	构件名称	工程量名称	单位	小计	首层
三、窗					
1	C-1	洞口面积	m²	35.775	35.775
		框外围面积	m²	35.775	35.775
		数量	樘	9	9
		洞口三面长度	m	6.8	6.8
		洞口宽度	m	1.5	1.5
		洞口高度	m	2.65	2.65
		洞口周长	m	8.3	8.3
2	C-13	洞口面积	m²	2.385	2.385
		框外围面积	m²	2.385	2.385
		数量	樘	1	1
		洞口三面长度	m	6.2	6.2
		洞口宽度	m	0.9	0.9
		洞口高度	m	2.65	2.65
		洞口周长	m	7.1	7.1
3	C-2	洞口面积	m²	27.825	27.825
		框外围面积	m²	27.825	27.825
		数量	樘	5	5
		洞口三面长度	m	7.4	7.4
		洞口宽度	m	2.1	2.1
		洞口高度	m	2.65	2.65
		洞口周长	m	9.5	9.5
4	C-3	洞口面积	m²	22.26	22.26
		框外围面积	m²	22.26	22.26
		数量	樘	7	7
		洞口三面长度	m	6.5	6.5
		洞口宽度	m	1.2	1.2
		洞口高度	m	2.65	2.65
		洞口周长	m	7.7	7.7
5	C-4	洞口面积	m²	83.475	83.475
		框外围面积	m²	83.475	83.475
		数量	樘	7	7
		洞口三面长度	m	9.8	9.8
		洞口宽度	m	4.5	4.5
		洞口高度	m	2.65	2.65
		洞口周长	m	14.3	14.3

续表

序号	构件名称	工程量名称	单位	小计	首层
6	C-5	洞口面积	m²	19.08	19.08
		框外围面积	m²	19.08	19.08
		数量	樘	2	2
		洞口三面长度	m	8.9	8.9
		洞口宽度	m	3.6	3.6
		洞口高度	m	2.65	2.65
		洞口周长	m	12.5	12.5
7	C-6	洞口面积	m²	7.95	7.95
		框外围面积	m²	7.95	7.95
		数量	樘	1	1
		洞口三面长度	m	8.3	8.3
		洞口宽度	m	3	3
		洞口高度	m	2.65	2.65
		洞口周长	m	11.3	11.3
8	FC-1	洞口面积	m²	12.3	12.3
		框外围面积	m²	12.3	12.3
		数量	樘	2	2
		洞口三面长度	m	7.1	7.1
		洞口宽度	m	3	3
		洞口高度	m	2.05	2.05
		洞口周长	m	10.1	10.1
四、门联窗					
1	MC-1	洞口面积	m²	6.16	6.16
		框外围面积	m²	6.16	6.16
		数量	樘	1	1
		门洞口面积	m²	2.86	2.86
		门框外围面积	m²	2.86	2.86
		窗洞口面积	m²	3.3	3.3
		窗框外围面积	m²	3.3	3.3
		洞口三面长度	m	8.7	8.7
		洞口宽度	m	2.8	2.8
		洞口高度	m	2.2	2.2
		门洞口宽度	m	1.3	1.3
		窗洞口宽度	m	1.5	1.5
		门洞口高度	m	2.2	2.2
		窗洞口高度	m	2.2	2.2

序号	构件名称	工程量名称	单位	小计	首层
五、过梁					
1	GL-1	体积	m³	0.4704	0.4704
		模板面积	m²	7.454	7.454
		数量	个	13	13
		长度	m	20.25	20.25
		宽度	m	0.2	0.2
		高度	m	0.12	0.12
2	GL-2	体积	m³	0.6465	0.6465
		模板面积	m²	9.765	9.765
		数量	个	15	15
		长度	m	29.85	29.85
		宽度	m	0.2	0.2
		高度	m	0.15	0.15
3	GL-3	体积	m³	3.89	3.89
		模板面积	m²	52.78	52.78
		数量	个	23	23
		长度	m	87.85	87.85
		宽度	m	0.2	0.2
		高度	m	0.25	0.25

项目6 首层楼梯工程量计算

■ **知识目标**

◆ 掌握楼梯构件不同的属性定义方法：平面、参数化、组合构件创建。

◆ 掌握上述不同楼梯绘制的各种方法和调整修改操作。

◆ 掌握楼梯构件工程量清单的编制和定额套取相关知识。

◆ 掌握楼梯构件工程量的汇总计算与报表预览操作。

■ **能力目标**

◆ 能够应用算量软件进行楼梯构件的定义和绘制。

◆ 能够正确编制各种楼梯构件工程量清单并套取定额。

◆ 能够进行楼梯构件工程量的计算与报表预览。

任务 6.1 楼梯的属性定义和绘制

6.1.1 首层楼梯识图分析

1. 楼梯 LT-1 建筑识图要点

（1）位置以及楼梯类型：首层 6 轴与 7 轴之间，J 轴与 L 轴之间。属于典型的 AT 型平行双跑楼梯。

（2）梯柱 TZ 界面尺寸为 400mm×200mm，底部标高为-0.05mm，顶标高为 2.32m，梯柱中心距离 L 轴为 1600mm。

（3）梯梁 LT-1 尺寸为 400mm×240mm，标高同为 2.32m，LT-1 距离 L 轴 1600mm。

（4）楼梯台阶尺寸：踏面高度为 169mm，第一个地段共 14 阶；踏面跨度为 260mm，第一个梯段踏步数量为 13。

（5）平台板尺寸为 1500mm×1800mm，中间梯井宽度为 160mm。

2. 楼梯 LT-2 建筑识图要点

（1）位置以及楼梯类型：首层 6 轴与 7 轴之间，B 轴与 C 轴之间。属于典型的 AT 型平行双跑楼梯。

（2）梯柱 TZ 界面尺寸为 400mm×200mm，底部标高为－0.05m，顶标高为 2.05m，梯柱中心距离 C 轴为 1680mm。

（3）梯梁 LT-2 尺寸为 400mm×240mm，标高同为 2.05mm，LT-2 距离 L 轴 1680mm。

（4）楼梯台阶尺寸：踏面高度为 169mm，第一个地段共 13 阶；踏面跨度为 260mm，第一个梯段踏步数量为 12。

（5）平台板尺寸为 1500mm×1780mm，中间梯井宽度为 160mm。

6.1.2　首层楼梯构件定义与绘制

1. 楼梯 LT-1 的定义与绘制

楼梯的工程量计算单位在山东省定额计算规则上规定的是按照楼梯投影面积进行计算，在 2013 版本工程量清单计算规则上是按照体积或者是投影面积进行计算。

方法一：按照楼梯投影面积简单定义和绘制。

（1）单击展开"模块导航栏"中"绘图输入"选项下的楼梯列表项，单击"楼梯"选项，在右侧构件列表框中单击新建菜单，选择"新建楼梯"命令。根据识图信息设置好楼梯的属性，如图 6-1 所示。

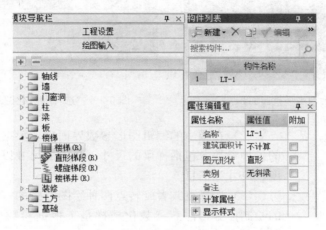

图 6-1　创建楼梯 LT-1

（2）新建楼梯的绘制方法包括：点、直线、三点画弧（主要用来绘制弧形楼梯和旋转楼梯）、矩形四种，如图 6-2 所示。

图 6-2　楼梯的绘制方法

🖊 经验提示

楼梯的水平投影面积：现浇混凝土楼梯按设计图示尺寸以水平投影面积计算。不扣除宽度小于 500mm 的楼梯井，伸入墙内部分不计算。

（1）楼梯的水平投影面积包括踏步、斜梁、休息平台、平台梁以及楼梯与楼板连接的梁（楼梯与楼板的划分以楼梯梁的外侧面为分界）。

（2）当整体楼梯与现浇楼板无梯梁连接时，以楼梯的最后一个踏步边缘加 300mm 为界。

（3）LT-1 的绘制我们选择矩形方法，按照上面的提示绘制一个水平投影面积，如图 6-3 所示。

方法二：参数化楼梯的定义和绘制。

（1）单击展开"模块导航栏"中"绘图输入"选项下的"楼梯"列表项，单击"楼梯"选项，在右侧构件列表框中单击新建菜单，选择"新建参数化楼梯"命令。弹出图6-4所示的"选择参数化图形"对话框，根据图纸楼梯构造特征选择合适的参数化模型，单击"确定"按钮。

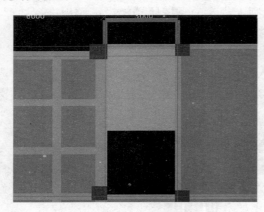

图6-3 绘制水平投影面积

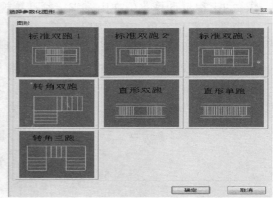

图6-4 "选择参数化图形"对话框

图6-5 参数化楼梯的
绘制方法

（2）在弹出的编辑图形参数界面中，根据图纸信息输入楼梯的各种参数，包括梯梁的尺寸，台阶的尺寸以及数量，平台的厚度、尺寸等信息。

（3）选择点或者旋转点两种绘图方式的一种进行参数化楼梯的绘制任务，注意参数化楼梯是个根据参数生成的立体式的模型，其方式只有这两种，如图6-5所示。

（4）参数化楼梯编辑图形参数界面如图6-6所示。

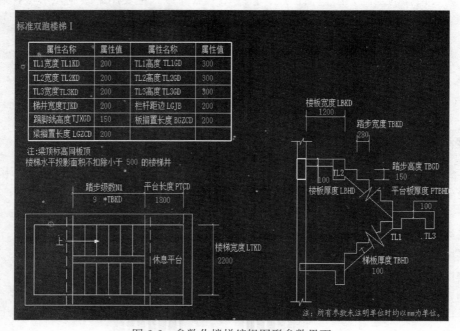

图6-6 参数化楼梯编辑图形参数界面

（5）输入参数用点或者旋转点绘制完成后的效果如图6-7所示。

方法三：利用组合构件建立楼梯的定义和绘制。

（1）绘制梯柱 TZ 子构件，梯柱的界面尺寸为 400mm×200mm，绘制的时候注意标高和位置的确定，绘制完成如图6-8所示。

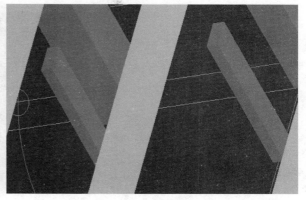

图 6-7　点或旋转点绘制效果　　　　　　　　图 6-8　梯柱绘制效果

（2）绘制梯梁 TL-1 子构件，梯柱的界面尺寸为 400mm×240mm，绘制的时候3个 TL-1 注意标高的确定和位置的确定，其中层顶标高的梯梁位置确定要通过第二个梯段的水平投影长度来确定，绘制完成如图6-9所示。

（3）绘制平台板 PTB-1 子构件，平台板的界面尺寸为 3000mm×1600mm，确定好平台板的标高，绘制完成如图6-10所示。

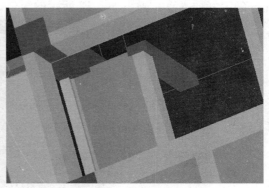

图 6-9　梯梁构件绘制效果　　　　　　　　图 6-10　平台板绘制效果

（4）绘制直段楼梯 ZLT-1 子构件，单击展开模块导航栏中"绘图输入"选项下的"楼梯"列表项，选择"直形梯段"选项，在右侧构件列表框中单击"新建直形楼段"选项。根据识图信息设置好楼梯的属性，如图6-11所示。

绘制直形梯段的时候一定要注意楼梯的起始位置和宽度，用偏移工具确定好。另外，需要设置楼梯起始踏步边，确定好踏步总高，系统会根据绘制的长度和踏步数自动计算踏步的宽度，所以在属性窗口中没有这一项。绘制完成后如图6-12所示。

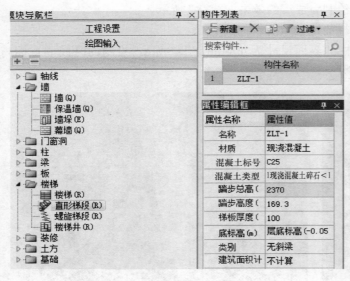

图 6-11　直形梯段的创建及属性设置

图 6-12　直形梯段绘制效果

（5）用同样的方法绘制直形楼梯 ZLT-2 子构件，具体方法和注意事项不再陈述，直形楼梯 ZLT-2 绘制完成后，楼梯所有的子构件全部完成，包括梯梁、梯柱、平台板、两个直形楼梯。

（6）单击展开"模块导航栏"中"绘图输入"选项下的"楼梯"列表项，选择"楼梯"选项，在右侧界面工具栏中选择"新建组合构件"命令，按鼠标左键选取区域选择构件图元，确定好插入点，弹出如 6-13 所示的窗口。

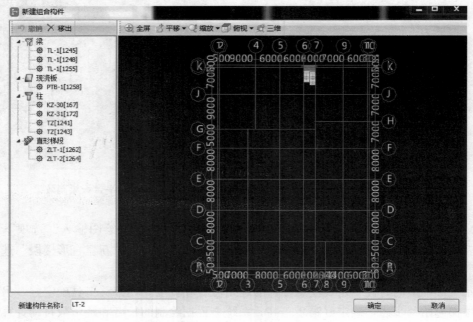

图 6-13　"新建组合构件"窗口

在左侧列表中把不属于楼梯组合构件的 KZ-30 和 KZ-31 移除，然后单击"确定"按钮。系统会生成一个组合楼梯构件，如图 6-14 所示。组合楼梯适用于一个建筑物有多个相同的楼梯，可以先组合形成一个构件，然后把这个组合楼梯用点的绘图方式快速绘制。

2. 楼梯 LT-2 的定义与绘制

按照楼梯投影面积简单定义和绘制。

（1）单击展开"模块导航栏"中"绘图输入"选项下的"楼梯"列表项，单击"楼梯"选项，在右侧构件列表框中单击新建菜单，选择"新建楼梯"命令。根据识图信息设置好楼梯的属性，如图 6-15 所示。

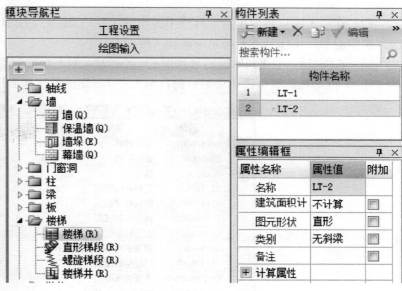

图 6-14　组合楼梯绘制效果　　　　　　图 6-15　创建楼梯 LT-2 及属性设置

（2）新建楼梯的绘制方法包括点、直线、三点画弧（主要用来绘制弧形楼梯和旋转楼梯）、矩形四种，我们用矩形的方法绘制完成，如图 6-16 所示。

图 6-16　矩形方法绘制楼梯

任务 6.2　首层楼梯的工程量清单编制与定额套取

6.2.1　楼梯 LT-1 的工程量清单编制与定额套取

（1）要点分析：楼梯的工程量计算单位在山东省定额计算规则上规定的是按照楼梯投影面积进行计算，在全国 2013 版本工程量清单计算规则上是按照体积或者是投影面积进行计算。在建模的时候，楼梯 LT-1 用的是组合构件，因此，用体积作为工程量计算单位来编制清单。

（2）在绘图窗口界面单击工具栏中的楼梯 LT-1 "定义"按钮，然后单击构件列表右边的"添加清单"按钮，展开清单编辑输入界面。

（3）在图 6-17 中找到匹配的清单项 010506001，双击添加到清单编码中，因为完整的清单一共 12 位，在前 9 位清单编码后面再输入 001，完成对楼梯 LT-1 的清单编码的填写。

查询匹配清单　查询匹配定额　查询清单库　查询匹配外部清单

	编码	清单项	单位
1	010506001	直形楼梯	m²/m³
2	010506002	弧形楼梯	m²/m³
3	010513001	楼梯	m³/段
4	011106001	石材楼梯面层	m²
5	011106002	块料楼梯面层	m²
6	011106003	拼碎块料面层	m²
7	011106004	水泥砂浆楼梯面层	m²
8	011106005	现浇水磨石楼梯面层	m²
9	011106006	地毯楼梯面层	m²
10	011106007	木板楼梯面层	m²
11	011106008	橡胶板楼梯面层	m²
12	011106009	塑料板楼梯面层	m²
13	011702024	楼梯	m²

图 6-17　查找匹配清单 010506001

（4）继续输入项目名称和项目特征：楼梯 LT-1，C25，板厚 100，现浇混凝土楼梯，单位我们单击下拉菜单选择立方，完成楼梯 LT-1 的工程量清单编制，如图 6-18 所示。

编码	类别	项目名称	项目特征	单位
010506001001	项	楼梯LT-1	C25,板厚100,现浇混凝土楼梯	m³

图 6-18　楼梯 LT-1 工程量清单

（5）单击"查询匹配定额"选项，出现跟楼梯 LT-1 相匹配的定额列项，如图 6-19 所示，找到定额 4-2-42，双击添加到清单中。

注意：定额和清单是不能分离、融为一体的两个组成部分，清单为工程量的列项，定额计算出人工、材料、机械等具体的消耗量。

查询匹配清单	查询匹配定额	查询清单库	查询匹配外部清单	查询措施	查询定额库

	编码	名称	单位	单价
1	4-2-42	C202现浇直形楼梯无斜梁100	10m²	770.8
2	4-2-43	C202现浇直形楼梯有斜梁100	10m²	941.32
3	4-2-44	C202现浇旋转楼梯无梁	10m²	734.47
4	4-2-45	C202现浇旋转楼梯有梁	10m²	1292.85
5	4-2-46	C202现浇楼梯板厚±10	10m²	38.63
6	10-4-201	直形楼梯木模板木支撑	10m²	1304.07
7	10-4-202	圆弧形楼梯木模板木支撑	10m²	1669.24

图 6-19　查询匹配定额清单

6.2.2　楼梯 LT-2 的工程量清单编制与定额套取

（1）在建模的时候，楼梯 LT-2 用的是投影面积构件，因此，用面积作为工程量计算单位来编制清单。

（2）用做法刷把楼梯 LT-1 的做法复制给 LT-2，注意修改其清单编码、工程量清单名称和计算单位，如图 6-20 所示。

编码	类别	项目名称	项目特征	单位
⊟ 010506001002	项	楼梯LT-2	C25,板厚100,现浇混凝土楼梯	m²
└─ 4-2-42	定	C202现浇直形楼梯无斜梁100		m²

图 6-20　设置楼梯 LT-2 属性

任务 6.3　首层楼梯工程量汇总计算与报表预览

6.3.1　楼梯工程量汇总计算

1. 要点分析

我们在 6.1.2 楼梯 LT-1 的定义与绘制方法三中介绍如何利用组合构件来绘制楼梯（之前也提到过利用组合构件绘制飘窗），在 6.2.1 中描述了楼梯清单工程量的计算单位可以为立方米（m³）或者平方米（m²）。

在实际应用当中楼梯的清单工程量和定额工程量都采用平方米（m²）来计算，如果特定要求采用立方米（m³）为单位计算楼梯工程量的话，楼梯的定义和绘制方法可以通过参数化楼梯直接得到立方工程量。

2. 计算 LT-1 和 LT-2 的工程量

我们对上一章节的清单编制做一下修改：两个楼梯可以用一个编码，工程量计算单位都为平方米（m²）。单击工具栏中的"汇总计算"按钮，弹出如图 6-21 所示的对话框，设置好需要汇总计算的构件类型，单击"确定"按钮。

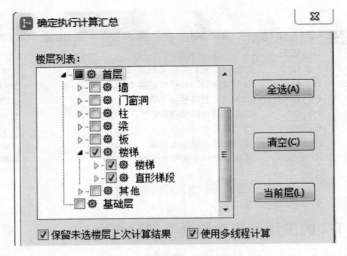

图 6-21　楼梯汇总计算对话框

6.3.2　首层楼梯工程量报表预览

1. 做法汇总分析部分报表

（1）清单构件明细表如表 6-1 所示。

表 6-1　清单构件明细表

序号	编码/楼层	项目名称/构件名称	单位	工程量
1	010506001001	楼梯 C25，板厚 100，现浇混凝土楼梯	m²	25.8008
		LT-1	m²	12.8648
绘图输入		LT-2	m²	12.936
	首层	小计	m²	25.8008
		合计	m²	25.8008

（2）清单定额汇总表如表 6-2 所示。

表 6-2　清单定额汇总表

序号	编码	项目名称	单位	工程量
1	010506001001	楼梯 C25，板厚 100，现浇混凝土楼梯	m²	25.8008
	4-2-42	C202 现浇直形楼梯无斜梁 100	10m²	2.5801

（3）清单定额部位计算书如表 6-3 所示。

表 6-3　清单定额部位计算书

序号	编码	项目名称/构件名称/位置/工程量明细	单位	工程量
1	010506001001	楼梯 C25，板厚 100，现浇混凝土楼梯	m²	25.8008

续表

序号	编码		项目名称/构件名称/位置/工程量明细			单位	工程量
	4-2-42		C202 现浇直形楼梯无斜梁 100			10m²	2.5801
1.1	绘图输入	首层	LT-1	〈6，L〉	（14.2148〈原始水平投影面积〉－1.35〈扣墙〉）	10m²	1.2865
			LT-2	〈6＋1500，B＋2360〉	（14.16〈原始水平投影面积〉－1.224〈扣墙〉）	10m²	1.2936
			小计			10m²	2.5801
			合计			10m²	2.5801

2. 构件汇总分析部分报表

绘图输入构件工程量明细表如表 6-4 所示。

表 6-4　绘图输入构件工程量明细表

序号	构件名称		工程量名称	单位	小计	首层
一、楼梯						
	LT-1		水平投影面积	m²	12.8648	12.8648
1		ZLT-1 [LT-1]	投影面积	m²	4.4616	4.4616
			底部面积	m²	5.3241	5.3241
			体积	m³	0.9101	0.9101
			侧面面积	m²	0.7004	0.7004
			踏步立面面积	m²	3.1287	3.1287
			踏步平面面积	m²	4.4616	4.4616
			踏步数	个	14	14
			矩形梯段单边斜长	m	4.0334	4.0334
			梯形梯段左斜长	m	4.0334	4.0334
			梯形梯段右斜长	m	4.0334	4.0334
		ZLT-2 [LT-1]	投影面积	m²	3.432	3.432
			底部面积	m²	4.0955	4.0955
			体积	m³	0.7001	0.7001
			侧面面积	m²	0.5363	0.5363
			踏步立面面积	m²	2.4582	2.4582
			踏步平面面积	m²	3.432	3.432
			踏步数	个	11	11
			矩形梯段单边斜长	m	3.1026	3.1026
			梯形梯段左斜长	m	3.1026	3.1026
			梯形梯段右斜长	m	3.1026	3.1026
2	LT-2		水平投影面积	m²	12.936	12.936

项目7　2层工程量计算

■ **知识目标**
- ◆ 掌握梁、板、柱、墙、门窗口、楼梯等构件的楼层复制操作。
- ◆ 掌握上述不同构件楼层复制后的调整和修改操作。
- ◆ 掌握上述构件工程量清单的编制和定额套取相关知识。

■ **能力目标**
- ◆ 能够应用算量软件对构件进行不同楼层的复制和绘制。
- ◆ 能够正确编制复制后各种构件工程量清单并套取定额。
- ◆ 能够进行2层构件工程量的计算与报表预览。

任务7.1　2层框架柱工程量计算

7.1.1　图纸审查

审查2层框架柱结构图，2层框架柱与首层框架柱在数量、名称、位置上完全一致，同时2层框架柱与首层框架柱在截面尺寸上也没有变化，因此我们可以直接把首层的框架柱构件图元复制过来。

7.1.2　基本操作

（1）在工具栏中将楼层切换到2层，单击楼层菜单，选择从其他楼层复制构件图元，弹出如图7-1所示的窗口。"源楼层选择"为首层，"图元选择"中选择"柱"，"目标楼层选择"为"第2层"，单击"确定"按钮。

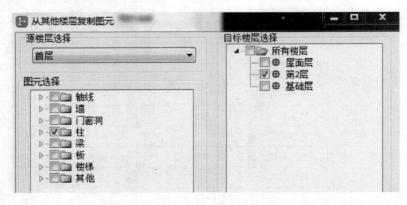

图 7-1　创建2层柱

（2）首层的框架柱复制到 2 层以后，框架柱的标高自动按照 2 层的层高设置完成，同时每个构件图元的清单编制和定额套取自动复制过来。2 层的框架柱如图 7-2 所示。

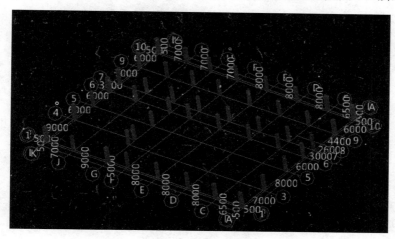

图 7-2　2 层的框架柱

任务 7.2　2 层框架梁工程量计算

7.2.1　图纸审查

审查 2 层框架梁结构图，2 层框架梁、非框架梁跟首层框架梁、非框架梁的数量、名称、位置基本相同，只有部分区域所用的梁构件发生改变，但是在截面尺寸上也没有变化，对土建算量不产生影响，因此可以直接把首层的框架梁和非框架梁构件图元复制过来。

7.2.2　基本操作

（1）在工具栏中将楼层切换到 2 层，单击楼层菜单，选择从其他楼层复制构件图元，弹出如图 7-3 所示的窗口。"源楼层选择"为"首层"，"图元选择"选择"梁"，"目标楼层选择"为"第 2 层"，单击"确定"按钮。

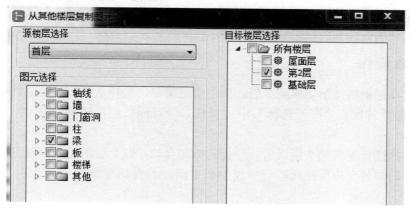

图 7-3　创建 2 层梁

（2）首层的框架梁和非框架梁复制到 2 层以后，梁的标高自动按照 2 层的层高设置完成，即顶标高为层顶标高。同时每个构件图元的清单编制和定额套取自动复制过来。2 层的梁和柱如图 7-4 所示。

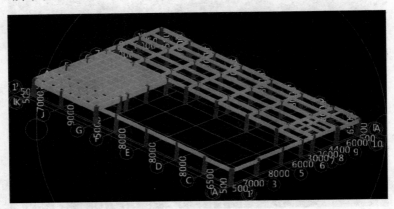

图 7-4　2 层梁和柱效果

因为 2 层为汽车工程中心的顶层，顶层的框架梁名称为屋面框架梁，可以把 2 层的所有 KL 改成 WKL。

任务 7.3　2 层楼板工程量计算

7.3.1　图纸审查

审查 2 层楼板结构图，2 层楼板跟首层楼板的数量、名称、位置基本相同，只有部分区域所用的楼板构件发生改变，主要是：

（1）楼板的厚度有变化，比如首层楼板厚度为 130mm 的在 2 层相同的位置厚度为 110mm，首层楼板厚度为 110mm 的在 2 层相同的位置厚度为 100mm。

（2）首层在 G 轴与 A 轴之间，1 轴与 6 轴之间是悬空区域，在 2 层为网架结构：碳钢正放四角椎螺栓球节点网架。

（3）首层楼梯间位置没有楼板，2 层有楼板。

可以先把首层的楼板构件图元复制过来，再进行调整和修改。

7.3.2　基本操作

（1）在工具栏中将楼层切换到 2 层，单击楼层菜单，选择从其他楼层复制构件图元。从"源楼层"中选择首层，"图元选择"中选择板，"目标楼层"选择第 2 层，单击"确定"按钮。

（2）首层的楼板复制到 2 层以后，楼板的标高自动按照 2 层的层高设置完成，即顶标高为层顶标高。同时每个构件图元的清单编制和定额套取自动复制过来。2 层的楼板如图 7-5 所示。

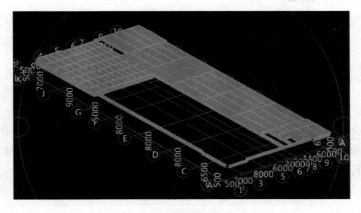

图 7-5　2 层楼板效果

7.3.3　调整和修改

因为 2 层为汽车工程中心的顶层，顶层的名称为屋面板，可以把 2 层的所有 LB 改成 WLB。

（1）选择 7 轴与 11 轴、L 轴与 J 轴之间的楼板，将楼板 LB-1 的厚度由 130mm 改成 110mm，注意 LB-1 的厚度为公有属性，但是修改 2 层的 LB-1 公有属性不会影响首层 LB-1 的厚度。

（2）把 9 轴与 11 轴之间、A 轴与 C 轴之间的 LB-2 删掉，重新绘制厚度为 100mm 的 LB-3。

（3）在上部楼梯间顶部绘制 LB-1，下部楼梯间和电梯间顶部绘制 LB-3。

7.3.4　网架玻璃钢屋面定义和绘制

（1）单击展开"模块导航栏"中"绘图输入"选项下的"其他"列表项，单击"屋面"选项。在右侧构件列表中单击"新建屋面"命令，系统命名创建的屋面为 WM-1，如图 7-6 所示。

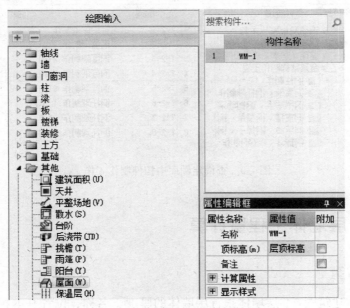

图 7-6　创建屋面及属性设置

（2）屋面的绘制方法有点、直线、三点画弧、矩形、智能布置、自适应斜板和定义屋面卷边七种，如图 7-7 所示，其中后者是用来算防水工程量。我们用矩形方法来绘制屋面。

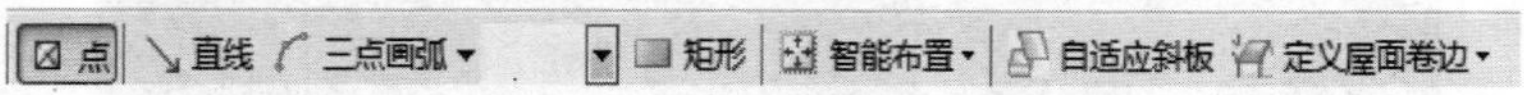
点
直线
三点画弧
矩形
智能布置
自适应斜板
定义屋面卷边

图 7-7　屋面的绘制方法

（3）在绘图窗口界面中单击工具栏中的屋面构件“定义”按钮，然后单击构件列表右边的“添加清单”按钮，列出清单编辑输入界面，在图 7-8 所示的查询匹配清单选项中选择相匹配的玻璃钢屋面清单列项。

查询匹配清单　查询匹配定额　查询清单库　查询匹配外部清单

	编码	清单项	单位
1	010901001	瓦屋面	m^2
2	010901002	型材屋面	m^2
3	010901003	阳光板屋面	m^2
4	010901004	玻璃钢屋面	m^2
5	010901005	膜结构屋面	m^2
6	010902001	屋面卷材防水	m^2
7	010902002	屋面涂膜防水	m^2
8	010902003	屋面刚性层	m^2
9	010902008	屋面变形缝	m
10	011001001	保温隔热屋面	m^2

图 7-8　查询匹配清单

（4）关于网架的定额套取可以参考金属构件制作工程，单击查询定额库选项，展开金属构件制作工程，单击“钢屋架、钢托架制作”选项，如图 7-9 所示。

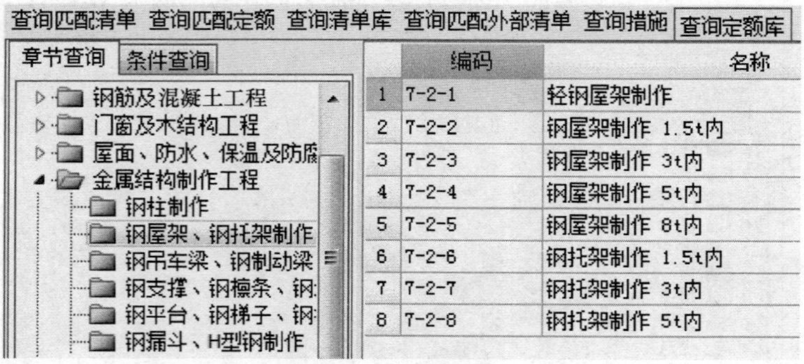
查询匹配清单
查询匹配定额
查询清单库
查询匹配外部清单
查询措施
查询定额库
章节查询
条件查询
钢筋及混凝土工程
门窗及木结构工程
屋面、防水、保温及防腐
金属结构制作工程
钢柱制作
钢屋架、钢托架制作
钢吊车梁、钢制动梁
钢支撑、钢檩条、钢
钢平台、钢梯子、钢
钢漏斗、H型钢制作
编码
名称
1 7-2-1 轻钢屋架制作
2 7-2-2 钢屋架制作 1.5t内
3 7-2-3 钢屋架制作 3t内
4 7-2-4 钢屋架制作 5t内
5 7-2-5 钢屋架制作 8t内
6 7-2-6 钢托架制作 1.5t内
7 7-2-7 钢托架制作 3t内
8 7-2-8 钢托架制作 5t内

图 7-9　查询定额库中构件制作工作

任务 7.4　2 层墙体工程量计算

7.4.1　图纸审查

审查 2 层墙体建筑图，2 层墙体跟首层墙体的厚度、名称、位置基本相同，只有很少部分区域的墙体设置发生改变，主要是：

（1）在9轴上面，L轴与J轴之间在首层有一道厚度为200mm的内墙，将空间分隔成办公室和洗车间。但是在2层没有内墙设置。

（2）在4轴和5轴上面2层有内墙设置，将空间设置为多功能厅、办公室、库房、工具间。

7.4.2 基本操作

（1）在工具栏中将楼层切换到2层，单击楼层菜单，选择从其他楼层复制构件图元。"源楼层选择"为"首层"，"图元选择"选择"墙"，"目标楼层选择"为"第2层"，单击"确定"按钮。

（2）首层的墙复制到2层以后，墙体的标高自动按照2层的层高设置完成，即起点和终点顶标高为层顶标高，起点和终点底标高为层底标高。同时每个构件图元的清单编制和定额套取自动复制过来。2层的墙体如图7-10所示。

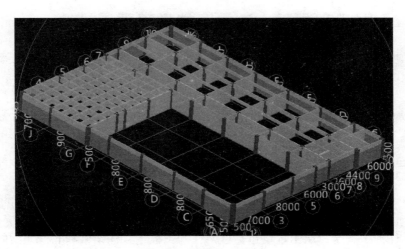

图7-10 2层的墙体

7.4.3 调整和修改

（1）删掉9轴上面、L轴与J轴之间的内墙。用鼠标左键选择该道内墙，然后单击键盘上面的删除键即可。

（2）用直线的绘制方法在4轴上面绘制内墙构件图元，以L轴线为起点绘制到G轴为终点。

（3）用直线的绘制方法在J轴上面绘制内墙构件图元，以4轴线为起点绘制到5轴为终点。

（4）最后修改其他地方，完成2层墙构件的调整和修改。效果如图7-11所示。

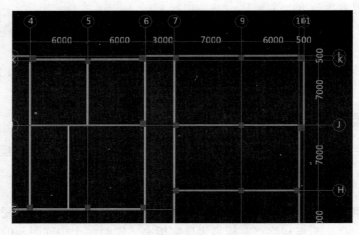

图 7-11　2 层墙构件调整和修改

任务 7.5　2 层门窗洞口、过梁、楼梯工程量计算

　　按照前面所描述的方法对二层门窗、过梁和楼梯的工程量进行计算，二层和首层有差别的地方进行修改，具体操作不再做具体描述。

任务 7.6　2 层工程量汇总计算与报表预览

7.6.1　2 层工程量汇总计算

　　（1）单击工具栏中"汇总计算"按钮，弹出"确定执行计算汇总"对话框，如图 7-12 所示在该对话框中楼层列表中选择第 2 层，单击"确定"按钮。

　　（2）在本任务中关于二层工程量包括框架柱的工程量、框架梁和非框架梁的工程量、楼板的工程量、墙的工程量、门窗的工程量、过梁的工程量、楼梯的工程量等。

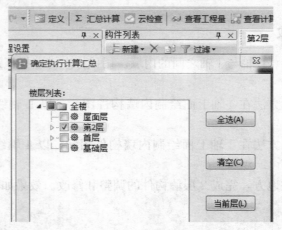

图 7-12　第 2 层汇总计算对话框

7.6.2　2 层工程量报表预览

（1）清单汇总表如表 7-1 所示。

表 7-1　清单汇总表

序号	编码	项目名称	单位	工程量
1	010401008001	填充墙 加气混凝土，200 厚	m^3	199.6706
2	010502001001	矩形柱 01 C30，750×750，现浇混凝土框架柱	m^3	26.325
3	010502001002	矩形柱 02 C30，600×600，现浇混凝土框架柱	m^3	47.736
4	010502001003	矩形柱 03 C30，650×700，现浇混凝土框架柱	m^3	1.7745
5	010503002001	框架梁 现浇混凝土，C30，矩形梁	m^3	117.0296
6	010503002002	非框架梁 C30，现浇混凝土	m^3	69.5578
7	010503005001	过梁 现浇，C25	m^3	2.9218
8	010505001001	有梁板 C30，130 厚，现浇混凝土楼板	m^3	125.1399
9	010506001001	楼梯 C25，板厚 100，现浇混凝土楼梯	m^2	26.6
10	010801001001	木质门 MM1	樘	4
11	010801001002	木质门 MM2	樘	3
12	010801001003	木质门 MM3	樘	2
13	010802003002	钢质防火门 FM2	樘	2
14	010807001001	塑钢窗 C1 1500×2650	樘	9
15	010807001002	塑钢窗 C2 1500×2650	樘	5
16	010807001003	塑钢窗 C3 1500×2650	樘	7
17	010807001004	塑钢窗 C4 1500×2650	樘	7
18	010807001005	塑钢窗 C5 1500×2650	樘	2

序号	编码	项目名称	单位	工程量
19	010807001006	塑钢窗 C6 1500×2650	樘	1
20	010807001013	塑钢窗 C13 1500×2650	樘	1
21	010807002001	金属防火窗 FC1	樘	2
22	010901004001	玻璃钢屋面	m²	752.5

（2）清单定额构件明细表如表 7-2 所示。

表 7-2　清单定额构件明细表

序号	编码/楼层		项目名称/构件名称	单位	工程量
1	010401008001		填充墙 加气混凝土，200 厚	m³	199.6706
	3-3-61		M5.0 混浆加气混凝土砌块墙 200	10m³	19.9565
1.1	绘图输入	第 2 层	Q-1［外墙］	10m³	5.566
			Q-2［内墙］	10m³	14.3905
			小计	10m³	19.9565
			合计	10m³	19.9565
2	010502001001		矩形柱 01 C30，750×750，现浇混凝土框架柱	m³	26.325
	4-2-17		C254 现浇矩形柱	10m³	2.6325
2.1	绘图输入	第 2 层	KZ-1	10m³	0.2194
			KZ-2	10m³	0.2194
			KZ-6	10m³	0.2194
			KZ-7	10m³	0.2194
			KZ-8	10m³	0.2194
			KZ-10	10m³	0.2194
			KZ-19	10m³	0.2194
			KZ-26	10m³	0.2194
			KZ-28	10m³	0.2194
			KZ-29	10m³	0.2194
			KZ-30	10m³	0.2194
			KZ-33	10m³	0.2194
			小计	10m³	2.6328
			合计	10m³	2.6328
3	010502001002		矩形柱 02 C30，600×600，现浇混凝土框架柱	m³	47.736

续表

序号	编码/楼层		项目名称/构件名称	单位	工程量
	4-2-17		C254 现浇矩形柱	10m³	4.7736
			KZ-3	10m³	0.1404
			KZ-4	10m³	0.4212
			KZ-5	10m³	0.2808
			KZ-9	10m³	0.1404
			KZ-11	10m³	0.2808
			KZ-12	10m³	0.2808
			KZ-13	10m³	0.2808
			KZ-14	10m³	0.702
			KZ-15	10m³	0.5616
			KZ-16	10m³	0.1404
3.1	绘图输入	第2层	KZ-17	10m³	0.1404
			KZ-18	10m³	0.1404
			KZ-20	10m³	0.2808
			KZ-21	10m³	0.1404
			KZ-22	10m³	0.1404
			KZ-23	10m³	0.1404
			KZ-25	10m³	0.1404
			KZ-27	10m³	0.1404
			KZ-31	10m³	0.1404
			KZ-32	10m³	0.1404
			小计	10m³	4.7736
			合计	10m³	4.7736
4	010502001003		矩形柱 03 C30，650×700，现浇混凝土框架柱	m³	1.7745
	4-2-17		C254 现浇矩形柱	10m³	0.1775
4.1	绘图输入	第2层	KZ-24	10m³	0.1775
			小计	10m³	0.1775
			合计	10m³	0.1775
5	010503002001		框架梁 现浇混凝土，C30，矩形梁	m³	117.0296
	4-2-24		C253 现浇单梁．连续梁	10m³	11.703
5.1	绘图输入	第2层	KL-1	10m³	0.12
			KL-3	10m³	0.5011
			KL-2	10m³	0.6008
			KL-14	10m³	0.1296

续表

序号	编码/楼层		项目名称/构件名称	单位	工程量
			KL-15	10m³	0.0997
			KL-16	10m³	0.3936
			KL-12	10m³	0.1113
			KL-13	10m³	0.1207
			KL-11	10m³	0.6101
			KL-25	10m³	0.3938
			KL-26	10m³	0.2595
			KL-24	10m³	0.3833
			KL-7	10m³	0.585
			KL-7.1	10m³	0.803
			KL-8	10m³	0.7878
			KL-9	10m³	0.075
5.1	绘图输入	第2层	KL-10	10m³	0.6872
			KL-17	10m³	0.2075
			KL-18	10m³	0.2011
			KL-19	10m³	0.2011
			KL-20	10m³	0.2011
			KL-21	10m³	0.8358
			KL-22	10m³	0.2011
			KL-22.1	10m³	0.728
			KL-23	10m³	0.2066
			KL-23.1	10m³	0.7158
			KL-4	10m³	0.525
			KL-5	10m³	0.5128
			KL-6	10m³	0.5058
			小计	10m³	11.7032
		合计		10m³	11.7032
6	010503002002		非框架梁 C30，现浇混凝土	m³	69.5578
	4-2-24		C253 现浇单梁.连续梁	10m³	6.9558
6.1	绘图输入	第2层	L-6	10m³	0.5177
			L-8	10m³	0.5988
			L-5	10m³	0.0566
			L-7	10m³	0.0584
			L-10	10m³	2.0738
			L-11	10m³	0.6913
			L-1	10m³	0.483

续表

序号	编码/楼层		项目名称/构件名称	单位	工程量
6.1	绘图输入	第 2 层	L-2	10m³	0.483
			L-3	10m³	1.4123
			L-4	10m³	0.4708
			L-9	10m³	0.1103
			小计	10m³	6.956
			合计	10m³	6.956
7	010503005001		过梁 现浇，C25	m³	2.9218
7.1	4-2-27		C253 现浇过梁	10m³	0.2922
	绘图输入	第 2 层	GL-2	10m³	0.0371
			GL-3	10m³	0.217
			GL-1	10m³	0.0381
			小计	10m³	0.2922
			合计	10m³	0.2922
8	010505001001		有梁板 C30，130 厚，现浇混凝土楼板	m³	125.1399
8.1	4-2-36		C252 现浇有梁板	10m³	12.6346
	绘图输入	第 2 层	XB-1	10m³	1.358
			XB-2	10m³	6.6972
			XB-3	10m³	4.5795
			小计	10m³	12.6347
			合计	10m³	12.6347
9	010506001001		楼梯 C25，板厚 100，现浇混凝土楼梯	m²	26.6
9.1	4-2-42		C202 现浇直形楼梯无斜梁 100	10m²	2.66
	绘图输入	第 2 层	LT-2	10m²	2.66
			小计	10m²	2.66
			合计	10m²	2.66
10	010801001001		木质门 MM1	樘	4
11	010801001002		木质门 MM2	樘	3
12	010801001003		木质门 MM3	樘	2
13	010802003002		钢质防火门 FM2	樘	2
14	010807001001		塑钢窗 C1 1500×2650	樘	9
15	010807001002		塑钢窗 C2 1500×2650	樘	5

续表

序号	编码/楼层	项目名称/构件名称	单位	工程量
16	010807001003	塑钢窗 C3 1500×2650	樘	7
17	010807001004	塑钢窗 C4 1500×2650	樘	7
18	010807001005	塑钢窗 C5 1500×2650	樘	2
19	010807001006	塑钢窗 C6 1500×2650	樘	1
21	010807002001	金属防火窗 FC1	樘	2
22	010901004001	玻璃钢屋面	m^2	752.5

项目 8　屋面层工程量计算

■ **知识目标**

◆ 掌握屋面女儿墙构件的定义和绘制方法。

◆ 掌握屋面保温层的构件定义和绘制方法。

◆ 掌握屋面防水层的构件定义和绘制方法。

◆ 掌握上述构件工程量的汇总计算与报表预览操作。

■ **能力目标**

◆ 能够应用算量软件进行屋顶各种构件的定义和绘制。

◆ 能够正确编制屋顶各个构件工程量清单并套取定额。

◆ 能够进行屋顶构件工程量的计算与报表预览。

任务 8.1　女儿墙工程量计算

8.1.1　女儿墙识图要点

1. 标高和位置布置

审查汽车工程中心屋顶平面图、建筑设计总说明和节点构造详图，屋面女儿墙在不同位置的构造特征和墙高并非完全一致。在建筑屋顶四个角的区域，女儿墙顶标高为 9.800m，在其他区域女儿墙顶标高为 9.100m。另外，汽车工程中心屋顶构造因为有金属结构玻璃采光板的存在，在设计的时候女儿墙并非布置在建筑外墙上面，在屋顶中间区域存在内墙性质的女儿墙。

2. 墙体厚度、高度和材料

女儿墙厚度等同于建筑主体墙后，即填充墙的厚度为 200mm。材料采用普通黏土烧结实心砖。女儿墙高度有两种：分别为 1750mm 和 1050mm，注意去掉女儿墙压顶后的高度为：1650mm 和 950mm。

8.1.2　女儿墙-1 的属性定义与绘制

女儿墙的属性定义方法同前面讲到的填充墙的定义基本相同，只有部分属性不同，下面我们来定义一下女儿墙。

1. 女儿墙-1 的属性定义

（1）单击展开"模块导航栏"中"绘图输入"选项下的"墙"列表项，单击"墙"选项，在右侧单击新建下拉菜单，选择，新建外墙"命令"，软件自动命名创建的外墙为 Q-1，修改其名称为女儿墙-1，如图 8-1 所示。

（2）在属性编辑框中输入女儿墙-1 的相关属性，"类别"选择"砌体墙"，材质识图后

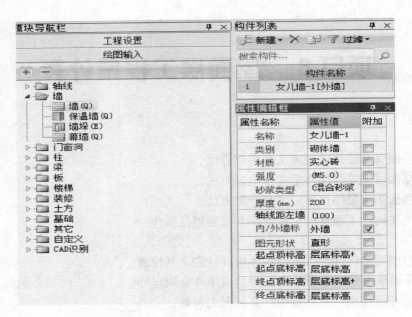

图 8-1　创建女儿墙-1 及属性设置

选择"实心砖"，砂浆选择为"混合砂浆"，强度为 M5.0。

（3）墙体厚度根据图纸要求设置为 200mm，起点底标高设置为层底标高，起点顶标高设置为层底标高＋1.65m，终点标高同上。

2. 女儿墙-1 的绘制方法

（1）女儿墙构件同梁构件一样同为线性构件，墙体的绘制方法如图 8-2 所示有多种，其中，直线是以轴线的交点为中心或者构件的中心为起点通过直线的方式捕捉到另外一端的垂点来绘制墙体；点加长度是通过确定墙体的起始点和墙体的长度来绘制梁；三点画弧是用来绘制弧形墙体；矩形是通过拉框产生矩形其四边自动生成墙体；智能布置是按照轴线、梁轴线、梁中心线、基础中心线等参照来快速绘制墙体。

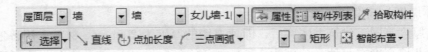

图 8-2　绘制女儿墙-1 的方法

（2）通过审查图纸发现，女儿墙墙体跟主体结构外部填充墙在外侧一端对齐，如何调整对齐关系有四种调整方法：

方法一：选择直线绘图方法，确定起点和终点后按住 shift 键单击轴线交点，弹出位置偏移对话框设置好偏移量，单击"确定"按钮完成绘制。

方法二：选择直线绘图方法绘制完女儿墙墙体，然后单击工具栏中的"移动"按钮，根据命令提示对绘制完成的墙体进行位置移动。

方法三：选择直线绘图方法绘制完女儿墙墙体，单击修改菜单，选择"对齐"菜单中"单对齐"命令，指定对齐目标线为填充墙的外侧，然后指定要对齐的边线，完成对齐操作。

方法四：在女儿墙墙体属性定义窗口中的轴线距墙左一栏中输入恰当的距离墙左的数

值，然后用直线方法绘制墙体即可。

（3）具体绘制操作过程

为了提高绘图速度和工作效率，绘图建模时会考虑使用智能布置方法，可以把 2 层的梁复制到屋面层，然后利用梁轴线来快速建模，但是本工程案例女儿墙高度不统一，因此还是使用直线绘制方法来建模。

绘图的时候注意严格按照图纸上面标注的距离进行绘制和偏移设置，汽车工程中心西南角女儿墙绘制如图 8-3 所示。

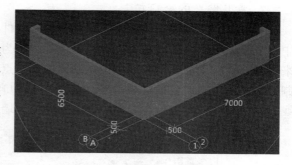

图 8-3　西南角女儿墙绘制

该建筑外围轮廓为典型的矩形建筑，继续绘制其他三个角上面的女儿墙。

8.1.3　女儿墙-2 的属性定义与绘制

女儿墙-2 的属性定义方法同前面讲到的女儿墙-1 的定义完全相同，只有墙高属性不同，下面我们来定义一下女儿墙-2。

1. 女儿墙-2 的属性定义

（1）单击展开"模块导航栏"中"绘图输入"选项下的"墙"列表项，单击"墙"选项，在右侧单击新建下拉菜单，选择"新建外墙"命令，修改其名称为女儿墙-2。

（2）在图 8-4 所示的属性编辑框中输入女儿墙-2 的相关属性，"类别"选择"砌体墙"，材质识图后选择"实心砖"，砂浆选择为混合砂浆，强度为 M5.0。

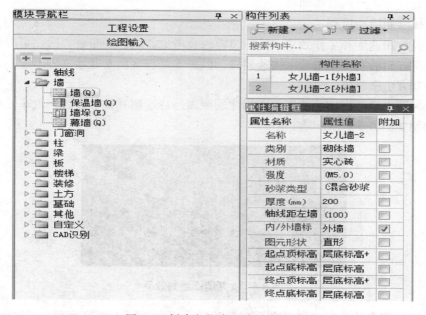

图 8-4　创建女儿墙-2 及属性设置

（3）墙体厚度根据图纸要求设置为 200mm，起点底标高设置为层底标高，起点顶标高设置为层底标高＋0.95m，终点标高同上。

2. 女儿墙-2 的绘制方法

（1）女儿墙构件同梁构件一样同为线性构件，墙体的绘制方法如图 8-5 所示有多种，其中直线是以轴线的交点为中心或者构件的中心为起点通过直线的方式捕捉到另外一端的垂点来绘制墙体；点加长度是通过确定墙体的起始点和墙体的长度来绘制梁；三点画弧是用来绘制弧形墙体；矩形是通过拉框产生矩形其四边自动生成墙体；智能布置是按照轴线、梁轴线、梁中心线、基础中心线等参照来快速绘制墙体。

图 8-5

（2）通过识图发现，女儿墙墙体跟主体结构外部填充墙在外侧一端对齐，如何调整对齐关系有四种调整方法：

方法一：选择直线绘图方法，确定起点和终点后按住 shift 键单击轴线交点，弹出位置偏移对话框设置好偏移量，单击"确定"按钮完成绘制。

方法二：选择直线绘图方法绘制完女儿墙墙体，然后单击工具栏中的"移动"按钮，根据命令提示对绘制完成的墙体进行位置移动。

方法三：选择直线绘图方法绘制完女儿墙墙体，单击修改菜单，选择"对齐"菜单中"单对齐"命令，指定对齐目标线为填充墙的外侧，然后指定要对齐的边线，完成对齐操作。

方法四：在女儿墙墙体属性定义窗口中的轴线距墙左一栏中输入恰当的距离墙左的数值，然后用直线方法绘制墙体即可。

（3）具体绘制操作过程

为了提高绘图速度和工作效率，绘图建模时会考虑使用智能布置方法，可以把 2 层的梁复制到屋面层，然后利用梁轴线来快速建模，但是本工程案例女儿墙高度不统一，因此还是使用直线绘制方法来建模。

绘图的时候注意严格按照图纸上面标注的距离进行绘制和偏移设置，汽车工程中心东侧女儿墙-2 绘制如图 8-6 所示。

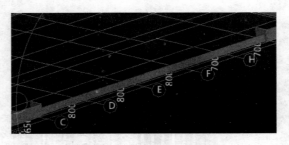

图 8-6　女儿墙-2 绘制效果

女儿墙-2 的高度从建模的结果来看非常明显，比女儿墙-1 的高度要低 700mm。按照相同的方法绘制完其他部位的女儿墙-2。到此女儿墙全部绘制完毕，效果如图 8-7 所示。

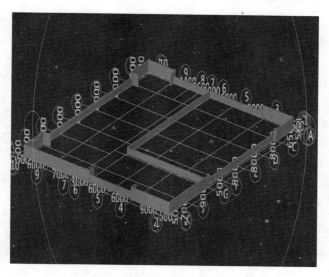

图 8-7　女儿墙整体效果

任务 8.2　屋顶女儿墙工程量清单编制和定额套取

8.2.1　女儿墙-1 工程量清单编制和定额套取

（1）选中女儿墙-1 在绘图窗口界面中单击工具栏中的“定义”按钮，然后单击构件列表右边的“添加清单”按钮，展开清单编辑输入界面，如图 8-8 所示。

图 8-8　女儿墙-1 的清单编辑界面

（2）在图 8-9 中的查询匹配清单、查询匹配定额、查询清单库、查询定额库、查询措施

查询匹配清单 | 查询匹配定额 | 查询清单库 | 查询匹配外部清单 | 查询措施 | 查询定额库

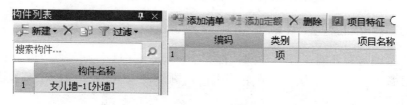

	编码	清单项	单位
1	010202001	地下连续墙	m^3
2	010401003	实心砖墙	m^3
3	010401004	多孔砖墙	m^3
4	010401005	空心砖墙	m^3
5	010401006	空斗墙	m^3
6	010401007	空花墙	m^3
7	010401008	填充墙	m^3
8	010402001	砌块墙	m^3
9	010403002	石勒脚	m^3
10	010403003	石墙	m^3
11	010403004	石挡土墙	m^3

图 8-9　匹配清单列表

等项目来完成外墙工程量清单的编制和定额套取。

① 匹配的清单和定额，是软件开发者，为了方便用户，快速找到合适的项目而设计的。不是百分百准确的，还应按本工程的实际情况设置。

② 当匹配是空白时，或者没有合适的列项，可直接用查询功能在查询清单库、查询定额库里面查找。

③ 只要清单工程的特征、做法、构造、材料不同，清单一般编写为不同，所套定额也不同，即使某些情况套相同的定额肯定也会对定额进行替换调整或其他调整。

3. 在图 8-9 中找到匹配的清单项 010401003，双击添加到图 8-8 清单编码上面，因为完整的清单一共 12 位，在前 9 位清单编码后面再输入 001，输入项目名称为女儿墙，特征：200 厚，实心砖。完成对女儿墙-1 的清单编码的填写，如图 8-10 所示。

编码	类别	项目名称	项目特征	单位
010401003001	项	女儿墙	厚度200，实心砖	m³

图 8-10　女儿墙-1 清单编码的填写

4. 单击图 8-9 中的"查询匹配定额"，选择定额 3-1-14，双击添加到清单下面的定额子母中，完成定额的套取，如图 8-11 所示。

编码	类别	项目名称	项目特征	单位
010401003001	项	女儿墙	厚度200，实心砖	m³
3-1-14	定	M2.5混浆混水砖墙 240		m³

图 8-11　定额的套取

8.2.2　女儿墙-2 工程量清单编制和定额套取

女儿墙-2 厚度与女儿墙-1 厚度相同，都为 200mm，并且都为实心砖墙，只是高度有所不同，可以把墙 2 与墙 1 编为一个清单。用格式刷复制女儿墙-1 的做法到女儿墙-2 上面，如图 8-12 所示。

图 8-12　女儿墙-2 的工程量清单

到目前为止，女儿墙的构件的绘制和清单编码以及定额套取全部完成，汇总计算一下就可以，屋面层工程量不仅只是女儿墙部分，还有其他重要的组成部分：例如屋面保温的工程量以及屋面防水工程量。下面我们分别详细介绍如何计算屋面保温的工程量以及屋面防水的工程量，还有保温和防水的清单编码、定额套取。

任务 8.3　屋顶保温层的工程量计算

8.3.1　屋顶保温层的定义和绘制

1. 屋面保温构造识图提示

识读汽车工程中心建筑节能专项设计说明，屋顶保温所用材料为 XPS 板保温，厚度为 60mm。与墙体保温的材料和厚度均不相同，另外保温层的构造做法如图 8-13 所示。

2. 要点分析

在 2013 版清单计量与计价中，找平层的工程量计算单位是平方米（m²），保温层的工程量计算单位也是平方米（m²）。

山东省工程量计算规则中找平层工程量是按照平方米（m²）计算，但是保温层除去聚氨酯发泡保温是按照平方米（m²）计算外，保温板的工程量都是按照立方米（m³）计算工程量。

在软件"绘图输入"选项中"其他"列表里面有"保温层"构件，如图 8-14 所示，但是该构件仅仅是用来计算墙体保温工程量的，屋面保温不能使用。在这里我们用屋面构件来计算屋顶保温层工程量。

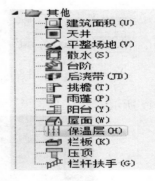

| 60厚XPS板保温层 |
| 20厚1:3水泥砂浆找平 |
| 40厚（最薄处）1:8(重量比)水泥珍珠岩找坡2% |
| 钢筋混凝土楼板 |

图 8-13　保温层的构造做法　　　　图 8-14　保温层构件

3. 屋面构件的属性定义

单击展开"模块导航栏"中"绘图输入"选项下的"其他"列表项，里面有建筑面积、天井、平整场地、散水、台阶、后浇带、挑檐、雨篷、阳台、屋面、保温层、栏板、压顶等内容。单击"屋面"选项，在右侧单击新建下拉菜单，选择"新建屋面"命令，软件自动命名创建的屋面为 WM-1，如图 8-15 所示。

4. 屋面构件的绘制

（1）屋面构件的绘制方法如图 8-16 所示有多种，其中直线是以轴线的交点为起点或者构件的中心为起点通过直线的方式绘制一个封闭的形状来完成楼板的绘制；点是通过单击封闭区域自动产生楼板；三点画弧是用来绘制弧形楼板；矩形是通过选取区域产生矩形其四边自动生成楼板；智能布置是按照外墙轴线、外墙内边线、栏板内边线、现浇板等快速绘制。

（2）我们采用点的方法来把屋面构件布置到除左下角玻璃板区域的全部屋顶封闭区间，

图 8-15　创建屋面 WM-1 及属性设置

图 8-16　屋面的绘制方法

屋面构件如图 8-17 所示。

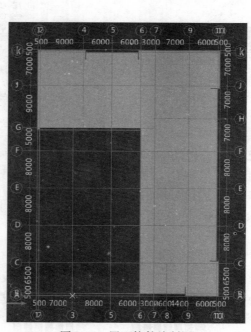

图 8-17　屋面构件绘制图

8.3.2   屋顶保温层的清单编制和定额套取

（1）主界面里选中屋面，在绘图窗口界面中单击工具栏中的定义按钮，然后单击构件列表右边的添加清单按钮，列出清单编辑输入界面。

（2）基于屋面构件的查找匹配清单里面没有保温层的清单项目，我们可以单击"查询清单库"选项，然后在"条件查询"界面"名称"文本框中输入"保温"，单击"查询"按钮，就可以找到关于保温层的清单项目，如图 8-18 所示。

图 8-18   查询保温层清单

（3）单击 011001001 保温隔热屋面，把该项添加到窗口上部清单编制栏里面，然后输入清单项目名称为保温隔热屋面，项目特征为"40 厚水泥珍珠岩，20 厚水泥砂浆找平，XPS保温板 60 厚"。清单如图 8-19 所示。

图 8-19   保温隔热屋面清单

经验提示

该屋顶保温构造有三层：水泥珍珠岩找坡、水泥砂浆找平和 XPS 保温板，在工程量清单编制的时候可以编为一个清单项目，但是必须套取三个构造层的所有定额消耗量。

1. 新型环保建筑材料 XPS 挤塑保温板介绍

（1）保温隔热。

具有高热阻、低线性、膨胀比低的特点，其结构的闭孔率达到了 99% 以上，形成真空层，避免空气流动散热，确保其保温性能的持久和稳定，相对于发泡聚氨酯 80% 的闭孔率，领先优势不言而喻。实践证明 20mm 厚的 XPS 挤塑保温板，其保温效果相当于 50mm 厚发泡聚苯乙烯，120mm 厚水泥珍珠岩。因此本材料是目前建筑保温的最佳之选。

（2）高强度抗压。

由于 XPS 板的特殊结构，其抗压强度极高、抗冲击性极强，根据 XPS 的不同型号及厚度其抗压强度达到 150～500kPa，能承受各系统地面荷载，广泛应用于地热工程、高速公路、机场跑道、广场地面、大型冷库及车内装饰保温等领域。

（3）憎水、防潮。

吸水率是衡量保温材料的一个重要参数。保温材料吸水后保温性能随之下降，在低温情况下，吸入的水极易结冰，破坏了保温材料的结构，从而使板材的抗压及保温性能下降。由于聚苯乙烯分子结构本身不吸水，板材分子结构稳定，无间隙，解决了其他材料漏水、渗透、结霜、冷凝等问题。

（4）质地轻、使用方便。

XPS 板的完全闭孔式发泡化学结构与其蜂窝状物理结构，使其具有轻质、高强度的特性，便于切割、运输，且不易破损、安装方便。

（5）稳定性、防腐性好。

长时间的使用中，不老化、不分解、不产生有害物质，其化学性能极其稳定，不会因吸水和腐蚀等导致降解，使其性能下降，在高温环境下仍能保持其优越的性能，根据有关资料介绍，XPS 挤塑保温板即使使用 30～40 年，仍能保持优异的性能，且不会发生分解或霉变，没有有毒物质的挥发。

（5）产品环保。

XPS 板经国家有关部门检测起化学性能稳定，不挥发有害物质，对人体无害，生产原料采用环保型材料，不产生任何工业污染。该产品属环保型建材。

2. 保温层消耗量水泥珍珠岩定额套取和计算

（1）在屋面匹配定额里面没有关于保温工程量的定额项目，单击"查询定额库"选项，在"条件查询"界面"名称"文本框中输入"珍珠岩"，单击"查询"按钮。右侧便会出现有关珍珠岩的定额项目，如图 8-20 所示。

	编码	名称	单位
1	3-3-42	M7.5混浆膨胀珍珠岩砌块墙110	10m³
2	6-3-4	混凝土板上沥青珍珠岩块	10m³
3	6-3-5	混凝土板上憎水珍珠岩块	10m³
4	6-3-11	混凝土板上珍珠岩粉	10m³
5	6-3-15	混凝土板上现浇水泥珍珠岩1:10	10m³
6	9-2-50	砖墙珍珠岩浆23	10m²
7	9-2-51	砼墙珍珠岩浆26	10m²
8	9-2-63	珍珠岩砂浆抹灰层±1	10m²

图 8-20　查询珍珠岩清单

（2）在图 8-20 中找到"6-3-15 混凝土板上现浇水泥珍珠岩 1：10"，双击鼠标添加到清单编辑栏中，如图 8-21 所示。刚才我们在要点分析里面讲过，保温定额工程量的计算单位为立方米（m³），跟清单工程量的单位是不一致的。

	编码	类别	项目名称	项目特征	单位	工程量表达式
1	011001001001	项	保温隔热屋面	40厚水泥珍珠岩，20厚水泥砂浆找平，XPS保温板60厚	m²	MJ
2	6-3-15	定	混凝土板上现浇水泥珍珠岩1:10		m³	

图 8-21　添加 6-3-15 清单

（3）从图 8-21 工程量表达式中我们可以看出软件无法正确计算出水泥珍珠岩的定额工程量，为了能够正确计算出水泥珍珠岩构造层的定额工程量我们必须做一定的处理，单击定额工程量表达式栏里面右侧的按钮，弹出如图 8-22 所示的窗口。

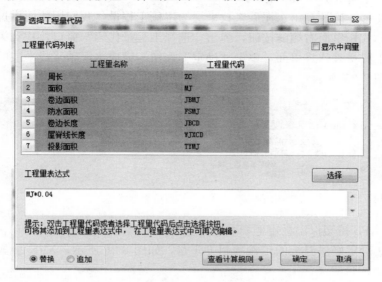

图 8-22　“选择工程量代码”窗口

（4）找到第二项面积，双击鼠标添加到工程量表达式里面，在键盘里面继续输入 MJ×0.04（水泥珍珠岩的厚度为 40mm），单击“确定”按钮，完成水泥珍珠岩的定额工程量表达式计算，如图 8-23 所示。

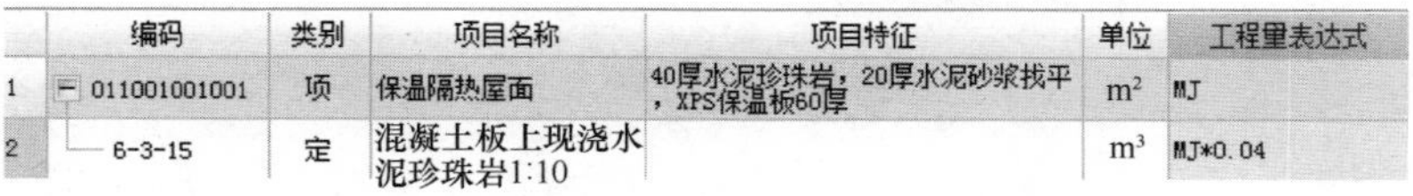

	编码	类别	项目名称	项目特征	单位	工程量表达式
1	011001001001	项	保温隔热屋面	40厚水泥珍珠岩，20厚水泥砂浆找平，XPS保温板60厚	m^2	MJ
2	6-3-15	定	混凝土板上现浇水泥珍珠岩1:10		m^3	MJ*0.04

图 8-23　水泥珍珠岩的工程量表达式

3. 保温层水泥砂浆找平层定额套取和计算

（1）在屋面匹配定额里面没有关于找平层工程量的定额项目，单击“查询定额库”选项，在“条件查询”界面“名称”文本框中输入“找平”，单击“查询”按钮。右侧便会出现有关找平层的定额项目，如图 8-24 所示。

	编码	名称	单位
1	9-1-1	1:3砂浆硬基层上找平层20mm	$10m^2$
2	9-1-2	1:3砂浆填充料上找平层20mm	$10m^2$
3	9-1-3	1:3砂浆找平层±5mm	$10m^2$
4	9-1-4	C20细石砼找平层40mm	$10m^2$
5	9-1-5	C20细石砼找平层±5mm	$10m^2$
6	9-1-6	沥青砂浆硬基层上找平层20mm	$10m^2$
7	9-1-7	沥青砂浆填充料上找平层20mm	$10m^2$
8	9-1-8	沥青砂浆找平层±5mm	$10m^2$

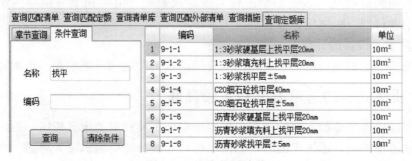

图 8-24　查询找平清单

（2）在图 8-24 中找到"9-1-1，1：3 水泥砂浆硬基层上找平层 20mm"，双击鼠标添加到清单编辑栏中。刚才我们在要点分析里面讲过，找平层定额工程量的计算单位为平方米（m²），跟清单工程量的单位是一致的。

（3）为了能够正确计算出水泥砂浆找平层的定额工程量，我们用前面讲过的方法，单击定额工程量表达式栏里面右侧的按钮，弹出"选择工程量代码"窗口，找到第二项面积，双击鼠标添加到工程量表达式里面，单击"确定"按钮，完成水泥砂浆找平层的定额工程量表达式计算，如图 8-25 所示。

	编码	类别	项目名称	项目特征	单位	工程量表达式
1	⊟ 011001001001	项	保温隔热屋面	40厚水泥珍珠岩，20厚水泥砂浆找平，XPS保温板60厚	m²	MJ
2	6-3-15	定	混凝土板上现浇水泥珍珠岩1:10		m³	MJ*0.04
3	9-1-1	定	1:3砂浆硬基层上找平层20mm		m²	MJ

图 8-25　9-1-1 工程量表达式

4. 保温层 XPS 挤塑保温板定额套取和计算

用上述方法确定好保温板的定额项目 6-3-44，如图 8-26 所示，XPS 保温板属于挤塑保温板的一种。

编码	类别	项目名称	项目特征	单位	工程量表达式
⊟ 011001001001	项	保温隔热屋面	40厚水泥珍珠岩，20厚水泥砂浆找平，XPS保温板60厚	m²	MJ
6-3-15	定	混凝土板上现浇水泥珍珠岩1:10		m³	MJ*0.04
9-1-1	定	1:3砂浆硬基层上找平层20mm		m²	MJ
6-3-44	定	聚合物砂浆粘贴保温板满粘挤塑板 δ 100		m²	MJ

图 8-26　6-3-44 工程量表达式

任务 8.4　屋顶防水层的工程量计算

8.4.1　屋顶防水层的定义和绘制

1. 屋面防水层构造（图 8-27）识图提示

屋顶防水用的材料是 SBS 高聚物改性沥青防水卷材，由下到上分别是：找平层、处理剂基层、防水卷材层、隔离层、细石混凝土保护层。

2. 屋面防水工程量的计算

采用前面多绘制的屋面构件，下面详细介绍防水工程量的清单编制和定额套取。

8.4.2　屋顶保温层的清单编制和定额套取

（1）主界面里选中屋面，在绘图窗口界面中单击工具栏中的定义按钮，然后单击构件列表右边的添加清单按钮，添加屋面防水的清单项目，展开清单编辑输入界面。在屋面构件下"查询匹配清单"里面的防水清单项目，如图 8-28 所示。

	编码	清单项	单位
	查询匹配清单	查询匹配定额　查询清单库　查询匹配外	
1	010901001	瓦屋面	m²
2	010901002	型材屋面	m²
3	010901003	阳光板屋面	m²
4	010901004	玻璃钢屋面	m²
5	010901005	膜结构屋面	m²
6	010902001	屋面卷材防水	m²
7	010902002	屋面涂膜防水	m²
8	010902003	屋面刚性层	m²
9	010902008	屋面变形缝	m
10	011001001	保温隔热屋面	m²

左图：

40厚 C20防水细石混凝土（6m×6m分格，缝宽20，密封胶嵌缝）随打随抹，内配φ4双向间距150钢筋网（钢筋网在分格缝处断开），缝上铺防水卷材，宽200

隔离层（干铺玻纤布）

4厚 SBS防水卷材

刷基层处理剂一道

20厚 1:3水泥砂浆找平

图 8-27　屋面防水层构造图　　　　　图 8-28　防水清单

（2）单击 010902001 屋面卷材防水，把该项添加到窗口上部清单编制栏中，然后输入清单项目名称为屋面卷材防水，"项目特征"为"找平层、处理剂基层、防水卷材层、隔离层、细石混凝土保护层"。清单如图 8-29 所示。

 经验提示

该屋顶保温构造有五层：找平层、处理剂基层、防水卷材层、隔离层、细石混凝土保护层，在工程量清单编制的时候可以编为一个清单项目，但是必须套取五个构造层的所有定额消耗量。

	编码	类别	项目名称	项目特征	单位
1	⊞ 011001001001	项	保温隔热屋面	40厚水泥珍珠岩，20厚水泥砂浆找平，XPS保温板60厚	m²
5	010902001001	项	屋面卷材防水	找平层、处理剂基层、防水卷材层、隔离层、细石混凝土保护层	m²

图 8-29　屋面卷材防水清单

1. 防水层 1:3 水泥砂浆找平层定额套取和计算

（1）在屋面匹配定额里面没有关于找平层工程量的定额项目，单击"查询定额库"选项，在"条件查询"界面"名称"文本框中输入"找平"，单击"查询"按钮。右侧便会出现有关找平层的定额项目。

（2）在图 8-30 中找到 9-1-1，1:3 水泥砂浆硬基层上找平层20mm，双击鼠标添加到上

查询匹配清单　查询匹配定额　查询清单库　查询匹配外部清单　查询措施　查询定额库

章节查询	条件查询		编码	名称	单位
		1	9-1-1	1:3砂浆硬基层上找平层20mm	10m²
		2	9-1-2	1:3砂浆填充料上找平层20mm	10m²
名称	找平	3	9-1-3	1:3砂浆找平层±5mm	10m²
		4	9-1-4	C20细石混凝土找平层40mm	10m²
编码		5	9-1-5	C20细石混凝土找平层±5mm	10m²
		6	9-1-6	沥青砂浆硬基层上找平层20mm	10m²
查询	清除条件	7	9-1-7	沥青砂浆填充料上找平层20mm	10m²
		8	9-1-8	沥青砂浆找平层±5mm	10m²

图 8-30　找平清单

面清单编辑栏中。刚才我们在要点分析里面讲过，找平层定额工程量的计算单位为平方米（m²），与清单工程量的单位是一致的。

（3）为了能够正确计算出水泥砂浆找平层的定额工程量，我们用前面讲过的方法，单击定额工程量表达式栏里面右侧的按钮，弹出"选择工程量代码"窗口，找到第二项面积，双击鼠标添加到工程量表达式中，单击"确定"按钮，完成水泥砂浆找平层的定额工程量表达式计算，如图8-31所示。

编码	类别	项目名称	项目特征	单位	工程量表达式
+ 011001001001	项	保温隔热屋面	40厚水泥珍珠岩，20厚水泥砂浆找平，XPS保温板60厚	m²	MJ	
− 010902001001	项	屋面卷材防水	找平层、处理剂基层、防水卷材层、隔离层、细石混凝土保护层	m²	MJ	
9-1-1	定	1:3砂浆硬基层上找平层20mm		m²	MJ	

图 8-31　屋面卷材防水工程量表达式

2. 防水层基层处理剂定额套取和计算

（1）单击"查询定额库"选项，在"条件查询"界面"名称"文本框中输入"处理剂"，单击"查询"按钮。右侧便会出现有关防水处理剂的定额项目，如图8-32所示。

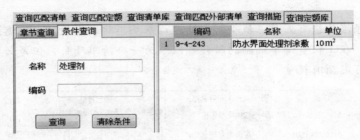

图 8-32　防水处理剂清单

（2）在图8-32中找到9-4-243，双击鼠标添加到上面清单编辑栏中。我们用前面讲过的方法，单击定额工程量表达式栏里面右侧的按钮，弹出"选择工程量代码"窗口，找到第二项面积，双击鼠标添加到工程量表达式里面，单击"确定"按钮，完成防水界面处理剂涂敷的定额工程量表达式计算，如图8-33所示。

− 010902001001	项	屋面卷材防水	找平层、处理剂基层、防水卷材层、隔离层、细石混凝土保护层	m²	MJ
9-1-1	定	1:3砂浆硬基层上找平层20mm		m²	MJ
9-4-243	定	防水界面处理剂涂敷		m²	MJ

图 8-33　防水界面处理剂涂敷工程量表达式

3. 防水层 SBS 防水卷材定额套取和计算

（1）单击"查询定额库"选项，在"条件查询"界面"名称"文本框中输入"卷材"，单击"查询"按钮。右侧便会出现有关防水卷材的定额项目，如图8-34所示。

（2）在图8-34中找到6-2-32，双击鼠标添加到上面清单编辑栏中。我们用前面讲过的方法，单击定额工程量表达式栏里面右侧的按钮，弹出"选择工程量代码"窗口，找到第四项防水面积，在下面的表达式里面输入"＋JBMJ（卷边面积）"双击鼠标添加到工程量表达

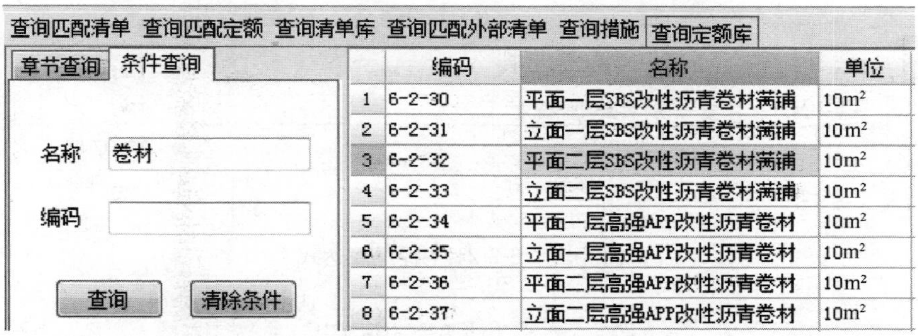

图 8-34　防水卷材清单

式中，单击"确定"按钮，完成平面二层 SBS 改性沥青卷材满铺的定额工程量表达式计算，如图 8-35 所示。

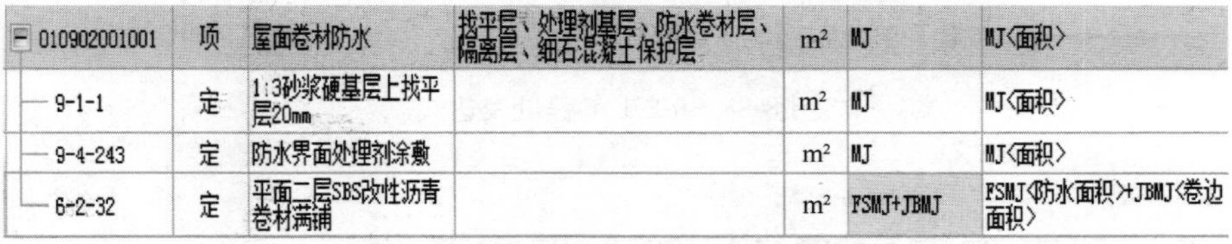

图 8-35　6-2-32 工程量表达式

4. 防水层玻璃纤维布隔离层定额套取和计算

（1）单击"查询定额库"选项，在"条件查询"界面"名称"文本框中输入"玻璃纤维布"，单击"查询"按钮。右侧便会出现有关隔离层的定额项目，如图 8-36 所示。

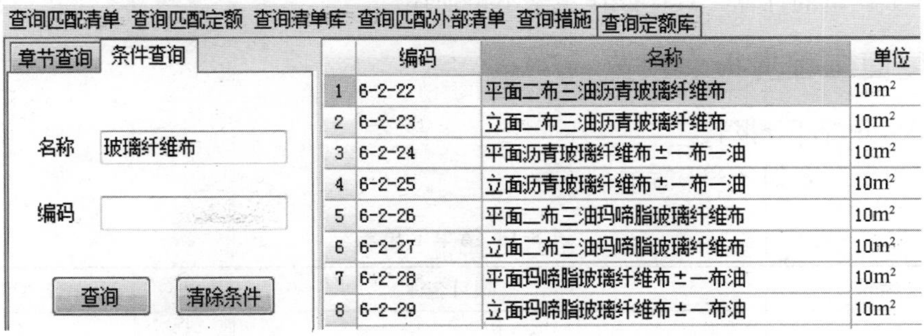

图 8-36　玻璃纤维布清单

（2）在图 8-36 中找到 6-2-24，双击鼠标添加到上面清单编辑栏中。我们用前面讲过的方法，单击定额工程量表达式栏里面右侧的按钮，弹出"选择工程量代码"窗口，找到第二项面积，单击"确定"按钮，完成隔离层的定额工程量表达式计算，如图 8-37 所示。

5. 添加 40 厚细石混凝土保护层定额项目

按照同样的方法添加 40 厚细石混凝土保护层定额项目如图 8-38 所示。

010902001001	项	屋面卷材防水	找平层、处理剂基层、防水卷材层、隔离层、细石混凝土保护层	m²	MJ
9-1-1	定	1:3砂浆硬基层上找平层20mm		m²	FSMJ
9-4-243	定	防水界面处理剂涂敷		m²	FSMJ
6-2-32	定	平面二层SBS改性沥青卷材满铺		m²	FSMJ+JBMJ
6-2-24	定	平面沥青玻璃纤维布±一布一油		m²	FSMJ

图 8-37　6-2-24 工程量表达式

010902001001	项	屋面卷材防水	找平层、处理剂基层、防水卷材层、隔离层、细石混凝土保护层	m²	MJ
9-1-1	定	1:3砂浆硬基层上找平层20mm		m²	FSMJ
9-4-243	定	防水界面处理剂涂敷		m²	FSMJ
6-2-32	定	平面二层SBS改性沥青卷材满铺		m²	FSMJ+JBMJ
6-2-24	定	平面沥青玻璃纤维布±一布一油		m²	FSMJ
6-2-1	定	细石混凝土防水层40		m²	FSMJ

图 8-38　6-2-1 工程量表达式

任务 8.5　屋面工程量汇总计算与报表预览

8.5.1　屋面工程量汇总计算

单击工具栏汇总计算按钮，在弹出的对话框中选择屋面层，进行屋面女儿墙、屋顶保温和屋顶防水工程量的计算。具体操作步骤不再描述。

8.5.2　屋面工程量报表预览

做法汇总分析部分报表。

（1）清单汇总表如表 8-1 所示。

表 8-1　清单汇总表

序号	编码	项目名称	单位	工程量
1	010401003001	女儿墙 厚度 200，实心砖	m³	60.214
2	010902001001	屋面卷材防水 找平层、处理剂基层、防水卷材层、隔离层、细石混凝土保护层	m²	1176.34
3	011001001001	保温隔热屋面 40 厚水泥珍珠岩，20 厚水泥砂浆找平，XPS 保温板 60 厚	m²	1176.34

（2）清单构件明细表如表 8-2 所示。

表 8-2 清单构件明细表

序号	编码/楼层	项目名称/构件名称	单位	工程量
1	010401003001	女儿墙 厚度200，实心砖	m³	60.214
		女儿墙-1［外墙］	m³	30.954
		女儿墙-2［外墙］	m³	29.26
绘图输入	屋面层	小计	m³	60.214
	合计		m³	60.214
2	010902001001	屋面卷材防水 找平层、处理剂基层、防水卷材层、隔离层、细石混凝土保护层	m²	1176.34
		WM-1	m²	1176.34
绘图输入	屋面层	小计	m²	1176.34
	合计		m²	1176.34
3	011001001001	保温隔热屋面 40厚水泥珍珠岩，20厚水泥砂浆找平，XPS保温板60厚	m²	1176.34
		WM-1	m²	1176.34
绘图输入	屋面层	小计	m²	1176.34
	合计		m²	1176.34

（3）清单定额汇总表如表 8-3 所示。

表 8-3 清单定额汇总表

序号	编码	项目名称	单位	工程量
1	010401003001	女儿墙 厚度200，实心砖	m³	60.214
	3-1-14	M2.5混浆混水砖墙240	10m³	6.0214
2	010902001001	屋面卷材防水 找平层、处理剂基层、防水卷材层、隔离层、细石混凝土保护层	m²	1176.34
	9-1-1	1：3砂浆硬基层上找平层20mm	10m²	117.634
	9-4-243	防水界面处理剂涂敷	10m²	117.634
	6-2-32	平面二层SBS改性沥青卷材满铺	10m²	117.634
	6-2-24	平面沥青玻璃纤维布±一布一油	10m²	117.634
	6-2-1	细石混凝土防水层40	10m²	117.634
3	011001001001	保温隔热屋面 40厚水泥珍珠岩，20厚水泥砂浆找平，XPS保温板60厚	m²	1176.34
	6-3-15	混凝土板上现浇水泥珍珠岩1：10	10m³	4.7054
	9-1-1	1：3砂浆硬基层上找平层20mm	10m²	117.634
	6-3-44	聚合物砂浆粘贴保温板 满粘挤塑板δ100	10m²	117.634

（4）清单定额构件明细表如表 8-4 所示。

表 8-4　清单定额构件明细表

序号	编码/楼层		项目名称/构件名称	单位	工程量
1	010401003001		女儿墙 厚度 200，实心砖	m³	60.214
	3-1-14		M2.5 混浆混水砖墙 240	10m³	6.0214
1.1	绘图输入	屋面层	女儿墙-1［外墙］	10m³	3.0954
			女儿墙-2［外墙］	10m³	2.926
			小计	10m³	6.0214
			合计	10m³	6.0214
2	010902001001		屋面卷材防水 找平层、处理剂基层、防水卷材层、隔离层、细石混凝土保护层	m²	1176.34
	6-2-1		细石混凝土防水层 40	10m²	117.634
2.1	绘图输入	屋面层	WM-1	10m²	117.634
			小计	10m²	117.634
			合计	10m²	117.634
	6-2-24		平面沥青玻璃纤维布±一布一油	10m²	117.634
2.2	绘图输入	屋面层	WM-1	10m²	117.634
			小计	10m²	117.634
			合计	10m²	117.634
	6-2-32		平面二层 SBS 改性沥青卷材满铺	10m²	117.634
2.3	绘图输入	屋面层	WM-1	10m²	117.634
			小计	10m²	117.634
			合计	10m²	117.634
	9-1-1		1：3 砂浆硬基层上找平层 20mm	10m²	117.634
2.4	绘图输入	屋面层	WM-1	10m²	117.634
			小计	10m²	117.634
			合计	10m²	117.634
	9-4-243		防水界面处理剂涂敷	10m²	117.634
2.5	绘图输入	屋面层	WM-1	10m²	117.634
			小计	10m²	117.634
			合计	10m²	117.634
3	011001001001		保温隔热屋面 40 厚水泥珍珠岩，20 厚水泥砂浆找平，XPS 保温板 60 厚	m²	1176.34
	6-3-15		混凝土板上现浇水泥珍珠岩 1：10	10m³	4.7054
3.1	绘图输入	屋面层	WM-1	10m³	4.7054
			小计	10m³	4.7054
			合计	10m³	4.7054

序号	编码/楼层		项目名称/构件名称	单位	工程量
3.2	9-1-1		1∶3砂浆硬基层上找平层20mm	10m²	117.634
	绘图输入	屋面层	WM-1	10m²	117.634
			小计	10m²	117.634
		合计		10m²	117.634
3.3	6-3-44		聚合物砂浆粘贴保温板 满粘挤塑板 δ100	10m²	117.634
	绘图输入	屋面层	WM-1	10m²	117.634
			小计 ·	10m²	117.634
		合计		10m²	117.634

项目 9　基础工程量计算

■ **知识目标**
- ◆ 掌握条形基础构件的属性定义方法和绘制。
- ◆ 掌握基础墙构件的属性定义方法和调整修改操作。
- ◆ 掌握基础垫层构件属性定义方法和调整修改操作。
- ◆ 掌握上述构件工程量清单的编制和定额套取相关知识。
- ◆ 掌握上述构件工程量的汇总计算与报表预览操作。

■ **能力目标**
- ◆ 能够应用算量软件进行基础层构件的定义和绘制。
- ◆ 能够正确编制基础层构件工程量清单并套取定额。

任务 9.1　基础构件的属性定义和绘制

9.1.1　基础识图要点分析

1. 基础类型

识读基础平面图，汽车工程中心建筑物基础类型为条形基础，条形基础一般由两部分组成：基础梁和条形基础底板。当前条形基础底板侧面为阶形，在平法中表示为：TJB$_p$。

2. 基础尺寸和位置分布

从图纸上看建筑物条形基础有好几种，但是其基础梁的界面尺寸只有两种：500mm×1200mm 和 1000mm×1200mm，位置分布也比较有规律性。另外一点是该建筑物的条形基础都有水平加腋存在。

9.1.2　条形基础 TJ-1 的属性定义和绘制

1. TJ-1 的属性定义

（1）单击展开"模块导航栏"中"绘图输入"选项下的"基础"列表项，单击"条形基础"选项，在右侧单击新建下拉菜单，选择"新建条形基础"命令，软件自动命名创健的条形基础为 TJ-1，如图 9-1 所示。

（2）在属性编辑框中宽度、高度、标高等属性先不设置，因为基础构件属于复合构件，我们要先建立条形基础，再建立条形基础单元。

（3）在构件列表中单击"新建"按钮，选择"新建矩形条形基础单元"命令，软件自动命名新建矩形条形基础单元为 TJ-1-1，输入相关属性值。例如材质为现浇混凝土，混凝土标号根据图纸要求为 C30，根据识图结果条形基础底部单元截面宽度为 2400mm、截面高度为 300mm，因为该条形基础单元在底部，所以相对底标高为 0，设置好模板类型和支撑类型，

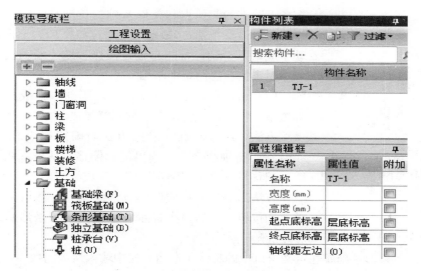

图 9-1　创建条形基础及属性设置

完成对底部基础单元的设置，如图 9-2 所示。

（4）同样方法创建 TJ-1-2 矩形条形基础单元，输入相关属性值。例如材质为现浇混凝土，混凝土标号根据图纸要求为 C30，根据识图结果条形基础底部单元截面宽度为 1000mm、截面高度为 900mm，因为该条形基础单元在顶部，所以相对底标高为 0.3m，设置好模板类型和支撑类型，完成对顶部基础单元的设置，如图 9-3 所示。

图 9-2　TJ-1-1 属性设置 　　　　图 9-3　TJ-1-2 属性设置

（5）当两个矩形条形基础单元设置完成后，条形基础 TJ-1 的相关属性值便会自动设置完成，如图 9-4 所示。

2. TJ-1 的绘制

（1）条形基础的绘制方法如图 9-5 所示有多种，其中直线是以轴线的交点为中心或者构件的中心为起点通过直线的方式捕捉到另外一端的垂点来绘制条形基础；点加长度是通过确

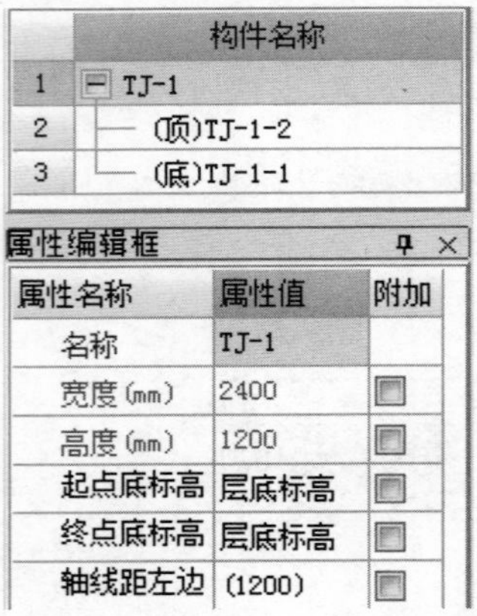

构件名称
1 TJ-1
2 (顶)TJ-1-2
3 (底)TJ-1-1
属性编辑框
属性名称 属性值 附加
名称 TJ-1
宽度(mm) 2400
高度(mm) 1200
起点底标高 层底标高
终点底标高 层底标高
轴线距左边 (1200)

图 9-4 完成 TJ-1 属性设置

定条形基础的起始点和条形基础的长度来绘制；三点画弧是用来绘制弧形条基；“矩形”是通过拉框产生矩形，其四边自动生成条形基础；智能布置是按照轴线、墙轴线、墙中心线等参照来快速绘制条形基础。

（2）通过审查图纸发现，条形基础跟轴线并非是中心对称关系，针对这种情况有三种调整方法：

方法一：选择直线绘图方法，确定起点和终点后按住 shift 键单击轴线交点，弹出位置偏移对话框，在该对话框中输入偏移量，单击“确定”按钮完成绘制。

方法二：选择直线绘图方法绘制完，然后单击工具栏中的移动按钮，根据命令提示对绘制完成的条形基础进行位置移动。

方法三：在条形基础属性定义窗口中的轴线距左边一栏中输入恰当的数值，然后用直线方法绘制即可。

基础层
基础
条形基础
TJ-1
属性
构件列表
拾取构件
选择
直线
点加长度
三点画弧
矩形
智能布置

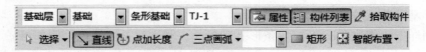

图 9-5 TJ-1 条形基础绘制方法

（3）我们用直线加偏移的方法完成对条形基础 TJ-1 的绘制，注意绘制的时候不仅在轴线关系上要处理好偏移，在基础位置关系上也要处理好偏移的关系，绘制完成如图 9-6 所示。

D
C
BA
500
6000

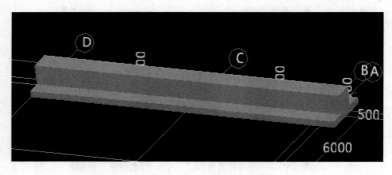

图 9-6 TJ-1 绘制效果图

9.1.3 条基 TJ-2 的属性定义和绘制

1. TJ-2 的属性定义

（1）单击展开“模块导航栏”中“绘图输入”选项下的“基础”列表项，单击“条形基础”选项，在右侧单击新建下拉菜单，选择“新建条形基础”命令，软件自动命名创建条形基础为 TJ-2。

（2）在前面我们讲过在下面的属性编辑框中宽度、高度、标高等属性先不用输入，因为基础构件属于复合构件，我们要先建立条形基础，再建立条形基础单元。

（3）在构件列表中单击"新建"按钮，选择"新建矩形条形基础单元"命令，软件自动命名新建的矩形条形基础单元为 TJ-2-1，输入相关属性值。例如，材质为现浇混凝土，混凝土标号根据图纸要求为 C30，根据识图结果条形基础底部单元截面宽度为 1800mm、截面高度为 300mm，因为该条形基础单元在底部，所以相对底标高为 0，设置好模板类型和支撑类型，完成对底部基础单元的设置。

（4）采用同样方法创建矩形条形基础单元 TJ-2-2，输入相关属性值。例如，材质为现浇混凝土，混凝土标号根据图纸要求为 C30，根据识图结果条形基础底部单元截面宽度为 500mm、截面高度为 1200mm，因为该条形基础单元在顶部，所以相对底标高为 0.3m，设置好模板类型和支撑类型，完成对顶部基础单元的设置。

图 9-7 完成 TJ-2 属性设置

（5）当两个矩形条形基础单元设置完成后，条形基础 TJ-2 的相关属性值便会自动设置完成，如图 9-7 所示。

2. TJ-2 的绘制

（1）条形基础的绘制方法如图 9-8 所示有多种，其中直线是以轴线的交点为中心或者构件的中心为起点通过直线的方式捕捉到另外一端的垂点来绘制条形基础；点加长度是通过确定条形基础的起始点和条形基础的长度来绘制；三点画弧是用来绘制弧形条基；矩形是通过拉框产生矩形，其四边自动生成条基；智能布置是按照轴线、墙轴线、墙中心线等参照来快速绘制条形基础。

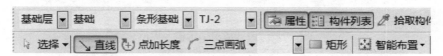

图 9-8 TJ-2 条形基础绘制方法

（2）通过审查图纸发现，条形基础跟轴线并非是中心对称关系，针对这种情况有三种调整方法：

方法一：选择直线绘图方法，确定起点和终点后按住 shift 键单击轴线交点，弹出位置偏移对话框，在该对话框中输入偏移量，单击确定按钮完成绘制。

方法二：选择直线绘图方法绘制完，然后单击工具栏中的移动按钮，根据命令提示对绘制完成的条形基础进行位置移动。

方法三：在条形基础属性定义窗口中的轴线距左边一栏中输入恰当的数值，然后用直线方式绘制即可。

（3）我们用直线加偏移的方法完成对条形基础 TJ-2 的绘制，绘制的时候在轴线关系上要处理好偏移，偏移数值如图 9-9 所示。

用相同的方法把汽车工程中心所有的基础绘制完成后如图 9-10 所示。

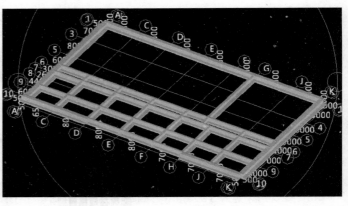

图 9-9 设置偏移量   图 9-10 汽车工程中心基础绘制效果图

任务 9.2 基础构件的工程量清单编码与定额套取

9.2.1 TJ-1 的工程量清单编制和定额套取

（1）选中 TJ-1，在绘图窗口界面单击工具栏中的"定义"按钮，然后单击构件列表右边的"添加清单"按钮，展开清单编辑输入界面，如图 9-11 所示。

图 9-11 展开清单编辑输入界面

（2）通过图 9-12 所示的查询匹配清单、查询匹配定额、查询清单库、查询定额库、查询措施等项目来完成条形基础工程量清单的编制和定额套取。

① 匹配的清单和定额是软件开发者为了方便用户快速找到合适的项目而设计的。不是百分之百准确，还应按本工程的实际情况设置。

② 当匹配是空白或者没有合适的列项时，可直接用查询功能在查询清单库、查询定额库里面查找。

③ 清单工程的特征、做法、构造、材料不同，清单一般编写为不同，所套定额也不同，即使某些情况套相同的定额，肯定也会对定额进行替换调整或其他调整。

④ 单击"查询清单库"选项，在"查询条件"界面"名称"文本框中输入"基础"，单击"查询"按钮，弹出如图 9-12 所示的对话框。

（3）在图 9-12 中找到匹配的清单项 010501002，双击添加到图 9-10 所示的清单编码中，因为完整的清单一共 12 位，所以在前 9 位清单编码后面再输入 001，完成清单编码的填写。

（4）输入项目名称和项目特征："C30，现浇混凝土，带形基础"，完成对条形基础 TJ-1 工程量清单的编制，如图 9-13 所示。

（5）单击"查询定额库"选项，在"查询条件"界面"名称"文本框中输入"基础"，单击"查询"按钮，弹出如图 9-14 所示的对话框。

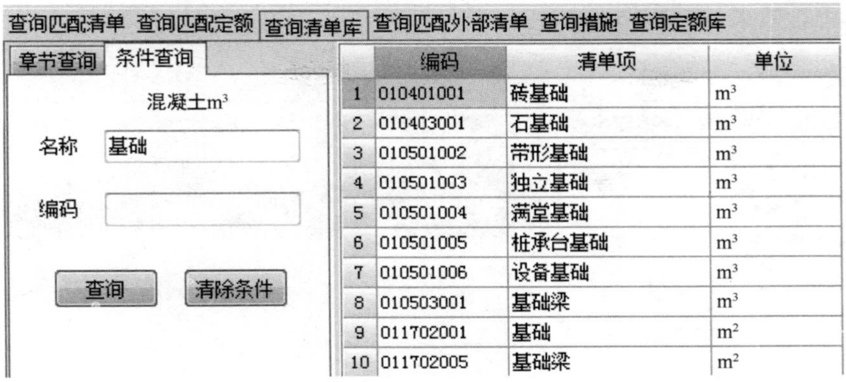

	编码	清单项	单位
1	010401001	砖基础	m^3
2	010403001	石基础	m^3
3	010501002	带形基础	m^3
4	010501003	独立基础	m^3
5	010501004	满堂基础	m^3
6	010501005	桩承台基础	m^3
7	010501006	设备基础	m^3
8	010503001	基础梁	m^3
9	011702001	基础	m^2
10	011702005	基础梁	m^2

图 9-12　基础清单

	编码	类别	项目名称	项目特征	单位
1	010501002001	项	条形基础	C30，现浇混凝土，带形基础	m^3

图 9-13　完成 TJ-1 工程量清单编制

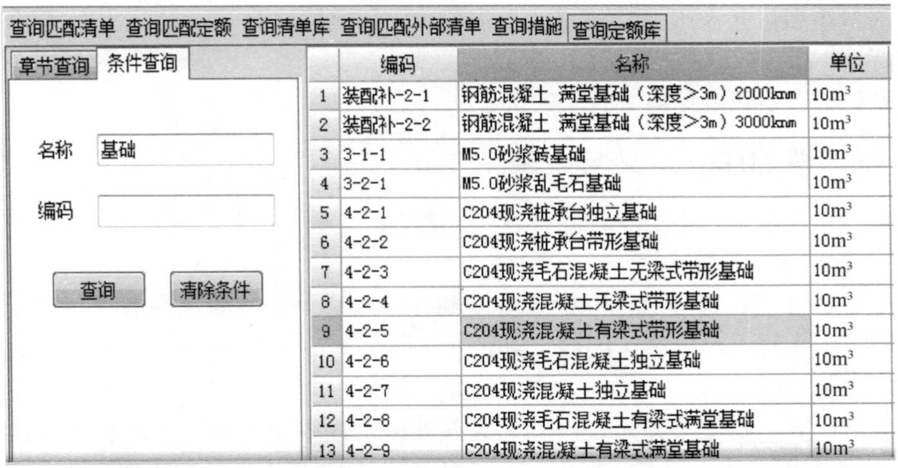

	编码	名称	单位
1	装配补-2-1	钢筋混凝土 满堂基础（深度>3m）2000kmm	$10m^3$
2	装配补-2-2	钢筋混凝土 满堂基础（深度>3m）3000kmm	$10m^3$
3	3-1-1	M5.0砂浆砖基础	$10m^3$
4	3-2-1	M5.0砂浆乱毛石基础	$10m^3$
5	4-2-1	C204现浇桩承台独立基础	$10m^3$
6	4-2-2	C204现浇桩承台带形基础	$10m^3$
7	4-2-3	C204现浇毛石混凝土无梁式带形基础	$10m^3$
8	4-2-4	C204现浇混凝土无梁式带形基础	$10m^3$
9	4-2-5	C204现浇混凝土有梁式带形基础	$10m^3$
10	4-2-6	C204现浇毛石混凝土独立基础	$10m^3$
11	4-2-7	C204现浇混凝土独立基础	$10m^3$
12	4-2-8	C204现浇毛石混凝土有梁式满堂基础	$10m^3$
13	4-2-9	C204现浇混凝土有梁式满堂基础	$10m^3$

图 9-14

（6）在图 9-14 中找到匹配的定额项目 4-2-5，双击添加到图 9-13 所示的清单中，完成对条形基础 TJ-1 工程量清单编制和定额的套取任务。清单编制如图 9-15 所示。

	编码	类别	项目名称	项目特征	单位
1	010501002001	项	条形基础	C30，现浇混凝土，带形基础	m^3
2	4-2-5	定	C204现浇混凝土有梁式带形基础		m^3

图 9-15　TJ-1 工程清单编制

9.2.2　TJ-2 的工程量清单编制和定额套取

TJ-2 与 TJ-1 在项目特征上完全一样，因此用工具栏中的做法刷功能复制到 TJ-2，双击添加到清单中,效果如图 9-16 所示。

图 9-16　TJ-2 工程清单编制

任务 9.3　基础墙的工程量计算

9.3.1　识图要点分析

(1) 通过识图可知条形基础高度为 1500mm, 其顶标高为 -0.450m, 这个高度距离基础层的顶标高 -0.050m 还有 0.4m 的高度。

(2) 基础墙一般用烧结实心砖来砌筑。

9.3.2　基础墙的属性定义与绘制

基础墙的属性定义方法同前面讲到的填充墙的定义基本相同,只有部分属性不同。

1. 基础墙的属性定义

(1) 单击展开"模块导航栏"中"绘图输入"选项下的"墙"列表项,单击"墙"选项,在右侧单击新建下拉菜单,选择"新建外墙"命令,软件自动命名创建的外墙为 Q-1,修改其名称为基础墙。

(2) 在属性编辑框中输入基础墙的相关属性,类别选择砌体墙,"材质"识图后选择"实心砖","砂浆类型"选择为"混合砂浆",强度 M5.0,如图 9-17 所示。

(3) 墙体厚度根据图纸要求设置为 240mm,起点底标高设置为层底标高,起点顶标高设置为层底标高 +1.5m,终点标高同上。

2. 基础墙的绘制方法

(1) 基础墙构件为线性构件,墙体的绘制方法如图 9-18 所示有多种,其中直线是以轴线的交点为中心或者构件的中心为起点通过直线的方式捕捉到另外一端的垂点来绘制墙体;点加长度是通过确定墙体的起始点和墙体的长度来绘制梁;三点画弧是用来绘制弧形墙体;矩形是通过拉框产生矩形,其四边自动生成墙体;智能布置是按照轴线、

图 9-17　基础墙属性设置

属性名称	属性值	附加
名称	基础墙	
类别	砌体墙	☐
材质	实心砖	☐
强度	(M5.0)	☐
砂浆类型	混合砂浆	☐
厚度 (mm)	240	☐
轴线距左墙	(120)	☐
内/外墙标	内墙	☑
图元形状	直形	☐
起点顶标高	层顶标高	☐
起点底标高	层底标高+	☐
终点顶标高	层顶标高	☐
终点底标高	层底标高+	☐

梁轴线、梁中心线、基础中心线等参照来快速绘制墙体。

图 9-18　基础墙的绘制方法

（2）具体绘制操作过程。一般绘图建模的时候为了提高绘图速度和工作效率，可以使用智能布置方法，用智能布置方法中的条基中心线或者条基轴线来快速绘制基础墙，绘制完后进行局部的调整和修改，绘制效果如图 9-19 所示。

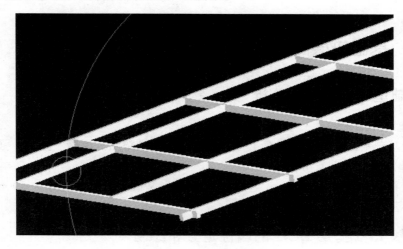

图 9-19　基础墙绘制效果

9.3.3　基础墙的清单编制与定额套取

（1）选中基础墙，在绘图窗口界面单击工具栏中的"定义"按钮，然后单击构件列表右边的"添加清单"按钮，展开清单编辑输入界面。

（3）用图 9-20 所示的查询匹配清单、查询匹配定额、查询清单库、查询定额库、查询措施等项目完成外墙工程量清单的编制和定额套取。

（3）在图 9-20 中找到匹配的清单项 010401003，双击添加到清单编码中，因为完整的清单一共 12 位，所以在前 9 位清单编码后面再输入 001，输入项目名称和特征：240 厚，实心砖。完成对基础墙的清单编码的填写，如图 9-21 所示。

（4）单击"查询匹配定额"选项，选择定额 3-1-14，双击添加到清单下面的定额子目中，完成定额的套取，如图 9-22 所示。

查询匹配清单　查询匹配定额　查询清单库　查询匹配外部清单

	编码	清单项	单位
1	010202001	地下连续墙	m³
2	010401003	实心砖墙	m³
3	010401004	多孔砖墙	m³
4	010401005	空心砖墙	m³
5	010401006	空斗墙	m³
6	010401007	空花墙	m³
7	010401008	填充墙	m³
8	010402001	砌块墙	m³
9	010403002	石勒脚	m³
10	010403003	石墙	m³

图 9-20　基础墙的清单

	编码	类别	项目名称	项目特征	单位
1	010401003001	项	基础墙	240厚，实心砖墙	m³

图 9-21　基础墙的清单编制

	编码	类别	项目名称	项目特征	单位
1	⊟ 010401003001	项	基础墙	240厚，实心砖墙	m³
2	└ 3-1-14	定	M2.5混浆混水砖墙 240		m³

图 9-22　完成 3-1-14 定额套取

任务 9.4　基础垫层的工程量计算

9.4.1　基础垫层识图要点分析

1. 基础垫层类型

通过识读基础平面图，可知汽车工程中心建筑物基础垫层为混凝土垫层，强度为 C20。

2. 基础垫层尺寸和位置分布

从图纸上看垫层厚度为 100mm，垫层宽度为条形基础宽度两边各延伸 100mm，垫层的中心线跟条形基础的中心线重合。

9.4.2　条基 TJ-1 垫层 DC-1 的属性定义和绘制

1. DC-1 的属性定义

（1）单击展开"模块导航栏"中"绘图输入"选项下的"基础"列表项，单击"垫层"选项，在右侧单击新建下拉菜单，选择"新建线式矩形垫层"命令，软件自动命名新建线式矩形垫层为 DC-1（图 9-23）。

（2）输入相关属性值。例如，材质为现浇混凝土，混凝土强度等级根据图纸要求为 C20，根据识图结果条形基础 TJ-1 底部单元截面宽度为 2400mm，因此 DC-1 的宽度为 2600mm，厚度为 100mm，起点顶标高和终点顶标高都为"基础底标"。

2. DC-1 的绘制

（1）垫层的绘制方法如图 9-24 所示有多种，其中直线是以轴线的交点为中心或者构件的中心为起点通过直线的方式捕捉到另外一端的垂点来绘制垫层；点加长度是通过确定垫层的起始点和长度来绘制；三点画弧是用来绘制弧形垫层；矩形是通过拉框产生矩形，其四边自动生成垫层；智能布置是按照轴线、梁轴线、条基中心线等参照来快速绘制垫层。

（2）用智能布置方法绘制 DC-1，单击"智能布置"中的"条基中心线"，进入智能布置模式。按键盘 F3 快捷键，批量选择构件名称为 TJ-1 的所有条形基础图元，最后右击鼠标确定，TJ-1 下面的垫层 DC-1 全部绘制完毕，如图 9-25 所示。

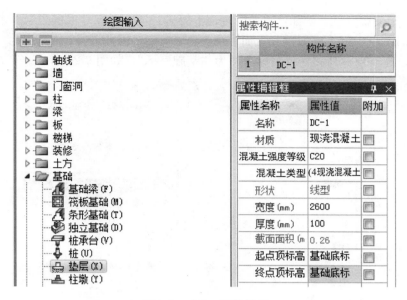

图 9-23 DC-1 属性设置

图 9-24 垫层的绘制方法

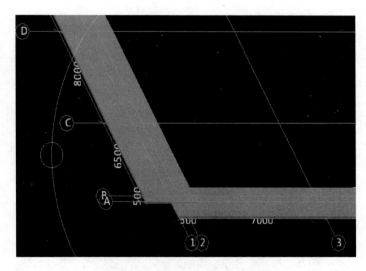

图 9-25 DC-1 垫层绘制效果

9.4.3 条基 TJ-2 垫层 DC-2 的属性定义和绘制

1. DC-2 的属性定义

（1）单击展开"模块导航栏"中"绘图输入"选项下的"基础"列表项，单击"垫层"选项，在右侧单击新建下拉菜单，选择新建线式矩形垫层，软件自动命名为 DC-2。

（2）输入相关属性值。例如，材质为现浇混凝土，混凝土标号根据图纸要求为 C20，根据识图结果条形基础 TJ-2 底部单元截面宽度为 1800mm，因此 DC-2 的宽度为 2000mm，厚度为 100mm，起点顶标高和终点顶标高都为"基础底标"，如图 9-26 所示。

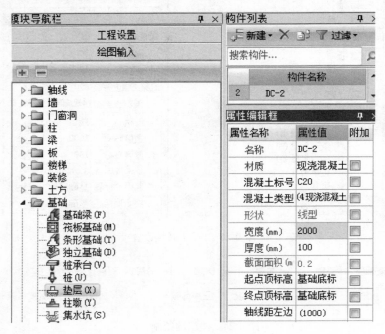

图 9-26　DC-2 属性设置

2. DC-2 的绘制

（1）垫层的绘制方法如图 9-27 所示有多种，其中直线是以轴线的交点为中心或者构件

图 9-27　基础层构件绘制效果

的中心为起点通过直线的方式捕捉到另外一端的垂点来绘制垫层；点加长度是通过确定垫层的起始点和长度来绘制；三点画弧是用来绘制弧形垫层；矩形是通过拉框产生矩形，其四边自动生成垫层；智能布置是按照轴线、梁轴线、条基中心线等参照来快速绘制垫层。

（2）同样用智能布置方法绘制 DC-2，单击智能布置里面的条基中心线，进入智能布置模式。按键盘 F3 快捷键，批量选择构件名称为 TJ-2 的所有条形基础图元，最后单击鼠标右键确定，TJ-2 下面的垫层 DC-2 全部绘制完毕。

3. 基础层构件绘制结束

到此为止基础层的所有构件：条形基础、基础墙、垫层绘制完毕，如图 9-27 所示。

9.4.4　垫层工程量清单编制与定额套取

（1）选中 DC-1，在绘图窗口界面单击工具栏中的"定义"按钮，然后单击构件列表右边的"添加清单"按钮，展开清单编辑输入界面，如图 9-28 所示。

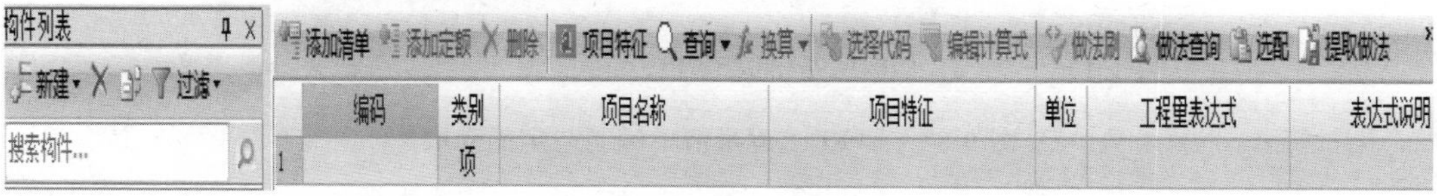

编码	类别	项目名称	项目特征	单位	工程里表达式	表达式说明
1	项					

图 9-28　展开清单编辑输入界面

（2）通过图 9-29 所示的查询匹配清单、查询匹配定额、查询清单库、查询定额库、查询措施等项目来完成框架柱工程量清单的编制和定额套取。

（3）在图 9-29 中找到匹配的清单项010501001，双击添加到图 9-28 所示的清单编码中，因为完整的清单一共 12位，在前 9 位清单编码后面再输入 001，完成清单编码的填写。

查询匹配清单　查询匹配定额　查询清单库　查询匹配外部清单

	编码	清单项	单位
1	010201001	换填垫层	m³
2	010404001	垫层	m³
3	010501001	垫层	m³
4	011702001	基础	m²

图 9-29　垫层的查询匹配清单

（4）输入项目名称和项目特征：基础垫层，C20，现浇混凝土，带型基础，完成对垫层 DC-1 工程量清单编制，如图 9-30所示。

编码	类别	项目名称	项目特征	单位
010501001001	项	基础垫层	C20,现浇混凝土	m³

图 9-30　DC-1 工程量清单编制

（5）单击"查询匹配定额"选项，选择匹配的定额项目。如果找不到的话，单击"查询定额库"选项，在"条件查询"界面"名称"文本框中输入"垫层"，单击"查询"按钮，如图 9-31 所示。

（6）在图 9-31 中选择定额 2-1-13，C15 现浇无筋混凝土垫层（假如定额混凝土强度跟实际工程不一样的话，可以在计价软件中调整），双击添加到清单中。完成对 DC-1 的工程量清单编制与定额套取，如图 9-32 所示。

（7）用做法刷把 DC-1 的清单复制到 DC-2 中。因为两个垫层的项目特征全部相同，可以使用同一个清单项目，效果如图 9-33 所示。

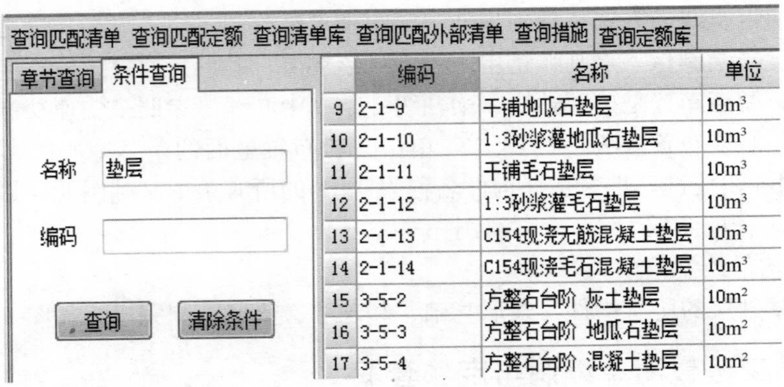

图 9-31 垫层查找清单

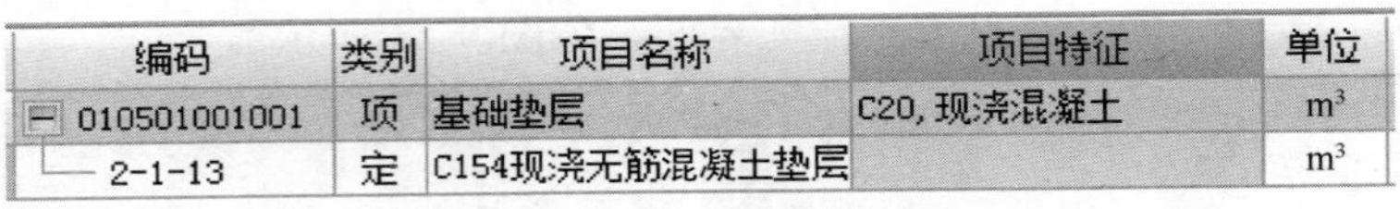

编码	类别	项目名称	项目特征	单位
⊟ 010501001001	项	基础垫层	C20,现浇混凝土	m³
└─ 2-1-13	定	C154现浇无筋混凝土垫层		m³

图 9-32 DC-1 工程量清单编制与定额套取

图 9-33 DC-2 工程量清单编制

任务 9.5 基础层工程量汇总计算与报表预览

9.5.1 基础层工程量汇总计算

汇总计算的方法在前面讲过,不再详细描述。注意基础层的工程量主要计算条形基础、基础墙和垫层。

9.5.2 基础层工程量报表预览

1. 清单汇总表(表 9-1)

表 9-1 清单汇总表

序号	编码	项目名称	单位	工程量
1	010401003001	基础墙 240 厚,实心砖墙	m³	43.58

续表

序号	编码	项目名称	单位	工程量
2	010501001001	基础垫层 C20，现浇混凝土	m³	91.2888
3	010501002001	条形基础 C30，现浇混凝土，带形基础	m³	612.1795

2. 清单构件明细表（表9-2）

表9-2　清单构件明细表

序号	编码/楼层	项目名称/构件名称	单位	工程量
1	010401003001	基础墙 240厚，实心砖墙	m³	43.58
		基础墙〔内墙〕	m³	43.58
绘图输入	基础层	小计	m³	43.58
		合计	m³	43.58
2	010501001001	基础垫层 C20，现浇混凝土	m³	91.2888
		DC-1	m³	40.5551
		DC-2	m³	50.7337
绘图输入	基础层	小计	m³	91.2888
		合计	m³	91.2888
3	010501002001	条形基础 C30，现浇混凝土，带形基础	m³	612.1795
		TJ-1	m³	0
		TJ-1-1〔TJ-1〕	m³	112.4422
		TJ-1-2〔TJ-1〕	m³	188.757
绘图输入	基础层	TJ-2	m³	0
		TJ-2-1〔TJ-2〕	m³	139.249
		TJ-2-2〔TJ-2〕	m³	171.7312
		小计	m³	612.1794
		合计	m³	612.1794

3. 清单定额汇总表（表9-3）

表9-3　清单定额汇总表

序号	编码	项目名称	单位	工程量
1	010401003001	基础墙 240厚，实心砖墙	m³	43.58
	3-1-14	M2.5混浆混水砖墙240	10m³	4.358

续表

序号	编码	项目名称	单位	工程量
	010501001001	基础垫层 C20，现浇混凝土	m³	91.2888
2	2-1-13	C154 现浇无筋混凝土垫层	10m³	9.1289
	010501002001	条形基础 C30，现浇混凝土，带形基础	m³	612.1795
3	4-2-5	C204 现浇混凝土有梁式带形基础	10m³	61.218

4. 清单定额构件明细表（表 9-4）

表 9-4　清单定额构件明细表

序号	编码/楼层		项目名称/构件名称	单位	工程量
1	010401003001		基础墙 240 厚，实心砖墙	m³	43.58
	3-1-14		M2.5 混浆混水砖墙 240	10m³	4.358
	绘图输入	基础层	基础墙［内墙］	10m³	4.358
			小计	10m³	4.358
1.1			合计	10m³	4.358
2	010501001001		基础垫层 C20，现浇混凝土	m³	91.2888
	2-1-13		C154 现浇无筋混凝土垫层	10m³	9.1289
	绘图输入	基础层	DC-1	10m³	4.0555
			DC-2	10m³	5.0734
			小计	10m³	9.1289
2.1			合计	10m³	9.1289
3	010501002001		条形基础 C30，现浇混凝土，带形基础	m³	612.1795
	4-2-5		C204 现浇混凝土有梁式带形基础	10m³	61.218
	绘图输入	基础层	TJ-1	10m³	0
			TJ-1-1［TJ-1］	10m³	11.2442
			TJ-1-2［TJ-1］	10m³	18.8757
3.1			TJ-2	10m³	0
			TJ-2-1［TJ-2］	10m³	13.9249
			TJ-2-2［TJ-2］	10m³	17.1731
			小计	10m³	61.2179
			合计	10m³	61.2179

5. 构件做法汇总表（表9-5）

表9-5 构件做法汇总表

编码	项目名称	单位	工程量	表达式说明
绘图输入→基础层				
一、墙				
基础墙［内墙］				
010401003001	基础墙 240厚，实心砖墙	m³	43.58	TJ〈体积〉
3-1-14	M2.5混浆混水砖墙240	10m³	4.358	TJ〈体积〉
二、条形基础				
TJ-1				
010501002001	条形基础 C30，现浇混凝土，带形基础	m³	0	TJ〈体积〉
4-2-5	C204现浇混凝土有梁式带形基础	10m³	0	TJ〈体积〉
TJ-1-1［TJ-1］				
010501002001	条形基础 C30，现浇混凝土，带形基础	m³	112.4422	TJ〈体积〉
4-2-5	C204现浇混凝土有梁式带形基础	10m³	11.2442	TJ〈体积〉
TJ-1-2［TJ-1］				
010501002001	条形基础 C30，现浇混凝土，带形基础	m³	188.757	TJ〈体积〉
4-2-5	C204现浇混凝土有梁式带形基础	10m³	18.8757	TJ〈体积〉
TJ-2				
010501002001	条形基础 C30，现浇混凝土，带形基础	m³	0	TJ〈体积〉
4-2-5	C204现浇混凝土有梁式带形基础	10m³	0	TJ〈体积〉
TJ-2-1［TJ-2］				
010501002001	条形基础 C30，现浇混凝土，带形基础	m³	139.249	TJ〈体积〉
4-2-5	C204现浇混凝土有梁式带形基础	10m³	13.9249	TJ〈体积〉
TJ-2-2［TJ-2］				
010501002001	条形基础 C30，现浇混凝土，带形基础	m³	171.7312	TJ〈体积〉
4-2-5	C204现浇混凝土有梁式带形基础	10m³	17.1731	TJ〈体积〉
三、垫层				
DC-1				
010501001001	基础垫层 C20，现浇混凝土	m³	40.5551	TJ〈体积〉

编码	项目名称	单位	工程量	表达式说明
2-1-13	C154 现浇无筋混凝土垫层	10m³	4.0555	TJ〈体积〉
DC-2				
010501001001	基础垫层 C20，现浇混凝土	m³	50.7337	TJ〈体积〉
2-1-13	C154 现浇无筋混凝土垫层	10m³	5.0734	TJ〈体积〉

项目 10　土方工程量计算

■ 知识目标
◆ 掌握场地平整构件的使用和工程量计算方法。
◆ 掌握土方开挖的工程量计算和构件使用。
◆ 掌握土方回填的工程量计算。
◆ 掌握土方工程量清单的编制和定额套取相关知识。
◆ 掌握土方工程量的汇总计算与报表预览操作。

■ 能力目标
◆ 能够应用算量软件进行土方工程量的计算。
◆ 能够应用算量软件正确编制土方工程量清单并套取定额。

任务 10.1　场地平整

10.1.1　场地平整知识点分析

1. 平整场地

平整场地系对建筑场地自然地坪与设计室外标高高差±30cm 内的人工就地挖、填、找平，便于进行施工放线。

2. 平整场地计算规则

（1）全国工程量清单计价规定的场地平整清单规则：按设计图示尺寸以建筑物首层面积计算。

（2）山东省定额工程量计算规则（2013）：按设计图示尺寸以建筑物外墙外边线每边各加 2m 以平方米（m²）面积计算。平整场地计算公式：

$$S = (A+4) \times (B+4) = S\,\text{底} + 2L\,\text{外} + 16$$

式中：S——平整场地工程量；A——建筑物长度方向外墙外边线长度；B——建筑物宽度方向外墙外边线长度；S 底——建筑物底层建筑面积；L 外——建筑物外墙外边线周长。

（3）山东省定额工程量计算规则（2017 最新）：场地平整为底层建筑面积。

10.1.2　平整场地构件的属性定义和绘制

1. 平整场地构件的属性定义

（1）根据前面知识点提示把楼层切换到首层。单击展开"模块导航栏"中"绘图输入"选项下的"其他"列表项，单击"平整场地"选项，在右侧单击新建下拉菜单，选择"新建平整场地"命令，软件自动命名新建的平整场为 PZCD-1。

（2）平整场地构件建立的特点是没有属性窗口，也没有相关的属性值需要进行设置。

2. 平整场地的绘制方法

绘制方法包括点、直线、三点画弧、矩形和智能布置五种，如图 10-1 所示。用智能布置—外墙轴线来快速绘制首层场地平整构件。

图 10-1　平整场地绘制方法

在首层 PZCD-1 构件绘制完成如图 10-2 所示。

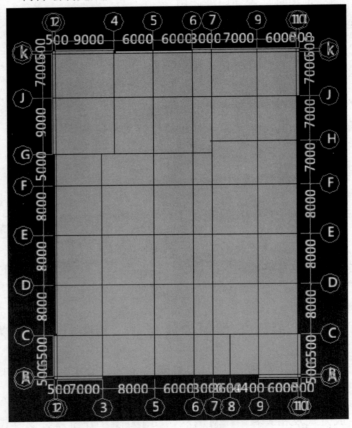

图 10-2　首层 PZCD-1 绘制效果

10.1.3　场地平整的工程量清单编制和定额套取

（1）选中 PZCD-1，在绘图窗口界面单击工具栏中的"定义"按钮，然后单击构件列表右边的"添加清单"按钮，展开清单编辑输入界面。

查询匹配清单	查询匹配定额	查询清单库	查询匹配外部清单
	编码	清单项	单位
1	010101001	平整场地	m²

图 10-3　平整场地清单

（2）单击"查询匹配清单库"选项，如图 10-3 所示。

（3）双击平整场地清单项 0101001001，添加到清单编码中，因为完整的清单一共 12 位，在前 9 位清单编码后面再输入 001，完成清单编码的填写。

（4）输入项目名称和项目特征完成对 PZCD-1 工程量清单编制。

（5）单击"查询匹配定额"选项，界面如图 10-4 所示。

查询匹配清单	查询匹配定额	查询清单库	查询匹配外部清单	查询措施

	编码	名称	单位	单价
1	1-4-1	人工场地平整	10m²	47.88
2	1-4-2	机械场地平整	10m²	5.35

图 10-4 查找匹配定额清单

（6）在图 10-4 中找到匹配的定额项目 1-4-2 机械场地平整，双击添加到清单中，完成对 PZCD-1 工程量清单编制和定额的套取任务。效果如图 10-5 所示。

编码	类别	项目名称	项目特征	单位	工程量表达式	表达式说明
010101001001	项	平整场地	机械平整	m²	MJ	MJ〈面积〉
└─ 1-4-2	定	机械场地平整		m²	WF2MMJ	WF2MMJ〈外放2米的面积〉

图 10-5 PZCD-1 工程量清单编制和定额的套取

在汽车工程中心工程设置时，已设定好了山东省的定额工程量计算规则，因此平整场地软件自动按照首层外围扩展 2m 的规则计算工程量。

任务 10.2 土方开挖的工程量计算

10.2.1 方法一：自动生成土方

（1）切换楼层到基础层，先选中条形基础构件中的 TJ-1，单击工具栏右侧的"自动生成土方"按钮，如图 10-6 所示。

图 10-6 "自动生成土方"按钮

（2）弹出"生成方式及相关属性"对话框，在对话框中设置好生成方式、生成范围、土方相关属性的左右工作面宽和左右放坡系数，如图 10-7 所示。

（3）参数设置完成后单击"确定"按钮，系统会自动计算基槽土方的开挖工程量，并自动生成两个基槽土方的构件，如图 10-8 所示。

10.2.2 方法二：利用定义和绘制土方构件计算

（1）单击展开"模块导航栏"中"绘图输入"选项下的"土方"列表项，单击"基槽土方"选项，在右侧单击新建下拉菜单，选择"新建基槽土方"命令，软件自动命名创建的基槽土方为 JC-1，如图 10-9 所示。

（2）设置好基槽土方构件的属性值，用工具栏中的绘制方法进行绘制，具体操作过程不再详细描述。

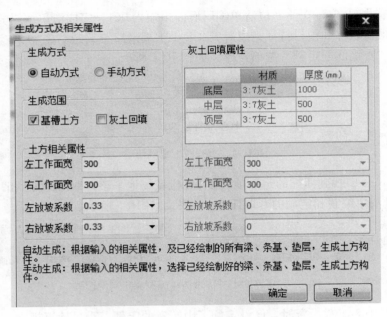

图 10-7　"生成方式及相关属性"对话框

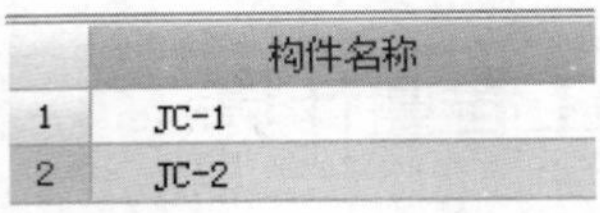

	构件名称
1	JC-1
2	JC-2

图 10-8　基槽土方构件

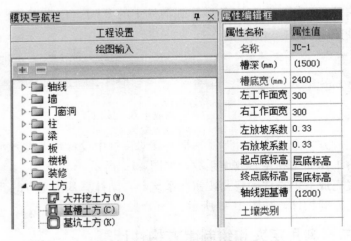

图 10-9　创建 JC-1 及属性设置

10.2.3　基槽开挖工程量的清单编制与定额套取

（1）选中 JC-1，在绘图窗口界面单击工具栏中的"定义"按钮，然后单击构件列表右边的"添加清单"按钮，展开清单编辑输入界面。

（2）单击"查询匹配清单"选项，如图 10-10 所示。

（3）双击挖沟槽土方清单项 0101001003，添加到清单编码中，因为完整的清单一共 12 位，在前 9 位清单编码后面再输入 001，完成清单编码的填写。

（4）输入项目名称和项目特征：挖沟槽土方，机械开挖，普通土，开挖深度 1.5m。完成对 JC-1 工程量清单编制。

查询匹配清单	查询匹配定额	查询清单库	查询匹配外部清单
	编码	清单项	单位
1	010101003	挖沟槽土方	m³
2	010101007	管沟土方	m/m³
3	010102002	挖沟槽石方	m³
4	010201002	铺设土工合成材料	m²
5	010201003	预压地基	m²
6	010201004	强夯地基	m²
7	010201005	振冲密实（不填料）	m²

图 10-10　查询匹配清单

（5）单击"查询匹配定额"选项，界面如图 10-11 所示。

查询匹配清单	查询匹配定额	查询清单库	查询匹配外部清单	查询措施
	编码	名称	单位	
3	1-2-12	人工挖沟槽坚土深2m内	10m³	
4	1-2-13	人工挖沟槽坚土深4m内	10m³	
5	1-2-14	人工挖沟槽坚土深6m内	10m³	
6	1-2-15	人工挖沟槽坚土深>6m	10m³	
7	1-2-32	人工凿沟槽松石	10m³	
8	1-2-33	人工凿沟槽坚石	10m³	
9	1-3-12	挖掘机挖槽坑普通土	10m³	
10	1-3-13	挖掘机挖槽坑坚土	10m³	
11	1-3-16	挖掘机挖普通土槽坑汽车运1km内	10m³	
12	1-3-17	挖掘机挖坚土槽坑汽车运1km内	10m³	
13	1-4-12	槽、坑人工夯填土	10m³	
14	1-4-13	槽、坑机械夯填土	10m³	

图 10-11　匹配定额清单

（6）在图 10-11 中找到匹配的定额项目 1-3-12 挖掘机挖槽坑普通土，双击添加到清单中，完成对 JC-1 工程量清单编制和定额的套取任务。效果如图 10-12 所示。

编码	类别	项目名称	项目特征	单位
⊟ 010101003001	项	挖沟槽土方	机械开挖，普通土，开挖深度1.5米	m³
└ 1-3-12	定	挖掘机挖槽坑普通土		m³

图 10-12　JC-1 工程量清单编制和定额套取

任务 10.3　土方回填的工程量计算

10.3.1　本例基槽土方回填工程量的计算

（1）选中 JC-1，在绘图窗口界面单击工具栏中的"定义"按钮，然后单击构件列表右边的"添加清单"按钮，继续添加清单项。

（2）单击"查询清单库"选项，在"查询条件"界面"名称"文本框中输入"回填"，在右侧会显示相关的清单项目，如图 10-13 所示。因为汽车工程中心为建筑项目，选择第一个 010103001。双击添加到清单编辑中。

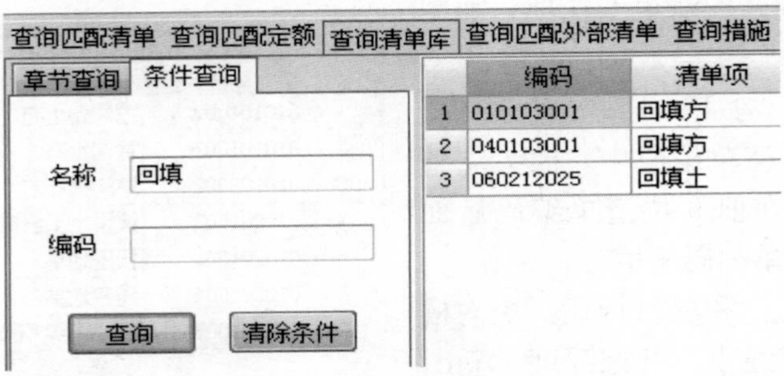

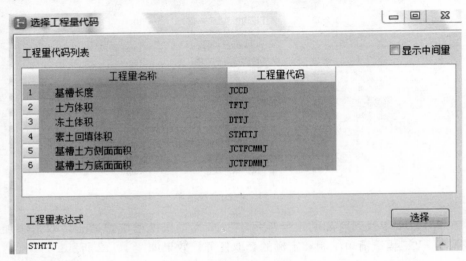

图 10-13　查询回填清单

（3）在土方回填工程量清单项目中，单击工程量表达式右侧空白区域，弹出"选择工程量代码"窗口，如图 10-14 所示，在该窗口中把素土回填体积设置为工程量计算代码。

图 10-14　设置素土回填体积为工程量计算代码

（4）单击"查询匹配定额"选项，选择定额项目 1-4-13 槽、坑机械夯填土，如图 10-15 所示。双击添加到土方回填的清单中。

（5）JC-1 基槽开挖和土方回填的工程量清单编制、定额套取任务全部完成，如图 10-16 所示。

（6）用做法刷把条形基础 TJ-1 下的 JC-1 基槽开挖和土方回填的工程量清单编制与定额套取复制到 JC-2。

（7）汽车工程中心土方工程量：场地平整、基槽开挖和回填土全部完成，单击"汇总计算"按钮，完成土方工程量的计算。

10.3.2　土方回填知识拓展

（1）基坑回填素土的工程量在土方构件计算开挖的时候已经自动计算完成，可以在土方构件中列清单项、套定额，选择回填土代码可以汇总回填工程量。可以把土方构件的回填做法上移到最前面，然后用做法刷追加到其他土方构件。

图 10-15 选择 1-4-13 清单

	编码	名称	单位	单价
3	1-2-12	人工挖沟槽坚土深2m内	10m³	483.03
4	1-2-13	人工挖沟槽坚土深4m内	10m³	543.59
5	1-2-14	人工挖沟槽坚土深6m内	10m³	614.96
6	1-2-15	人工挖沟槽坚土深>6m	10m³	668.87
7	1-2-32	人工凿沟槽松石	10m³	645.24
8	1-2-33	人工凿沟槽坚石	10m³	1736.6
9	1-3-12	挖掘机挖槽坑普通土	10m³	29.54
10	1-3-13	挖掘机挖槽坑坚土	10m³	31.56
11	1-3-16	挖掘机挖普通土槽坑汽车运1km内	10m³	109.65
12	1-3-17	挖掘机挖坚土槽坑汽车运1km内	10m³	131.94
13	1-4-12	槽、坑人工夯填土	10m³	152.66
14	1-4-13	槽、坑机械夯填土	10m³	72.17
15	1-4-14	槽、坑夯填砂	10m³	1153.33
16	1-4-15	槽、坑夯填石屑	10m³	716.81
17	1-4-16	槽、坑夯填石渣	10m³	707.23

图 10-15 选择 1-4-13 清单

编码	类别	项目名称	项目特征	单位	工程量表达式	表达式说明
010101003001	项	挖沟槽土方	机械开挖，普通土，开挖深度1.5米	m³	TFTJ	TFTJ<土方体积>
1-3-12	定	挖掘机挖槽坑普通土		m³	TFTJ	TFTJ<土方体积>
010103001001	项	回填方	原土回填	m³	STHTTJ	STHTTJ<素土回填体积>
1-4-13	定	槽、坑机械夯填土		m³	STHTTJ	STHTTJ<素土回填体积>

图 10-16 JC-1 清单编制定额套取任务完成

（2）房心回填土：可以建立房心回填构件（不是复合构件），绘制。或者可以利用房间地面积代码乘以房心回填土厚度，即在套取首层房间做法时，多套一项房心回填土的子目，工程量表达式输入地面积×房心回填土厚。

（3）基坑、大开挖、基槽回填非素土或者其他材质材料，必须建立回填构件，此类构件都为复合构件，先建立构件再建立构件单元，对不同单元回填深度和回填材料进行设置。

（4）大开挖室内外回填土材质不同时，可以先建立房心回填构件并绘制计算，室外部分在土方构件中套用自动计算的回填土代码。

（5）建立平整场地构件，用点、直线、弧线、矩形或者智能布置，构件做法里面列清单，套定额。注意定额是外扩 2m，可以在工程量表达式里面设置。

任务10.4 土方工程量报表预览

10.4.1 土方工程量汇总计算

汇总计算的方法在前面讲过，不再详细描述。注意土方的工程量主要计算场地平整、基槽开挖和回填土。

10.4.2 土方工程量报表预览

1. 清单汇总表（表 10-1）

表 10-1　清单汇总表

序号	编码	项目名称	单位	工程量
1	010101001001	平整场地 机械平整	m²	1943.3707
2	010101003001	挖沟槽土方 机械开挖，普通土，开挖深度 1.5m	m³	1936.2009
3	010103001001	回填方 原土回填	m³	1299.2926

2. 清单构件明细表（表 10-2）

表 10-2　清单构件明细表

序号	编码/楼层	项目名称/构件名称	单位	工程量
1	010101001001	平整场地，机械平整	m²	1943.3707
		PZCD-1	m²	1943.3707
绘图输入	首层	小计	m²	1943.3707
		合计	m²	1943.3707
2	010101003001	挖沟槽土方 机械开挖，普通土，开挖深度 1.5m	m³	1936.2009
		JC-1	m³	816.4067
		JC-2	m³	1119.7942
绘图输入	基础层	小计	m³	1936.2009
		合计	m³	1936.2009
3	010103001001	回填方 原土回填	m³	1299.2926
		JC-1	m³	508.7056
		JC-2	m³	790.587
绘图输入	基础层	小计	m³	1299.2926

3. 清单定额汇总表（表 10-3）

表 10-3　清单定额汇总表

序号	编码	项目名称	单位	工程量
1	010101001001	平整场地 机械平整	m²	1943.3707
	1-4-2	机械场地平整	10m²	232.9493

序号	编码	项目名称	单位	工程量
2	010101003001	挖沟槽土方 机械开挖，普通土，开挖深度 1.5m	m³	1936.2009
	1-3-12	挖掘机挖槽坑，普通土	10m³	193.6201
3	010103001001	回填方 原土回填	m³	1299.2926
	1-4-13	槽、坑机械夯填土	10m³	129.9293

4. 构件做法汇总表（表 10-4）

表 10-4　构件做法汇总表

编码	项目名称	单位	工程量	表达式说明
绘图输入→基础层				
一、基槽土方				
JC-1				
010101003001	挖沟槽土方 机械开挖，普通土，开挖深度 1.5m	m³	816.4067	TFTJ〈土方体积〉
1-3-12	挖掘机挖槽坑，普通土	10m³	81.6407	TFTJ〈土方体积〉
010103001001	回填方 原土回填	m³	508.7056	STHTTJ〈素土回填体积〉
1-4-13	槽、坑机械夯填土	10m³	50.8706	STHTTJ〈素土回填体积〉
JC-2				
010101003001	挖沟槽土方 机械开挖，普通土，开挖深度 1.5m	m³	1119.7942	TFTJ〈土方体积〉
1-3-12	挖掘机挖槽坑，普通土	10m³	111.9794	TFTJ〈土方体积〉
010103001001	回填方 原土回填	m³	790.587	STHTTJ〈素土回填体积〉
1-4-13	槽、坑机械夯填土	10m³	79.0587	STHTTJ〈素土回填体积〉
绘图输入→首层				
一、平整场地				
PZCD-1				
010101001001	平整场地 机械平整	m²	1943.3707	MJ〈面积〉
1-4-2	机械场地平整	10m²	232.9493	WF2MMJ〈外放 2 米的面积〉

5. 绘图输入构件工程量明细表（表 10-5）

表 10-5　绘图输入构件工程量明细表

序号	构件名称	工程量名称	单位	小计	基础层	首层
一、基槽土方						
1	JC-1	土方体积	m³	816.4067	816.4067	0
		素土回填体积	m³	508.7056	508.7056	0
		基槽土方侧面面积	m²	452.1725	452.1725	0
		基槽土方底面面积	m²	466.7978	466.7978	0
		基槽长度	m	157.5285	157.5285	0
2	JC-2	土方体积	m³	1119.7942	1119.7942	0
		素土回填体积	m³	790.587	790.587	0
		基槽土方侧面面积	m²	542.034	542.034	0
		基槽土方底面面积	m²	588.6445	588.6445	0
		基槽长度	m	300.3043	300.3043	0
二、平整场地						
1	PZCD-1	面积	m²	1943.3707	0	1943.3707

项目 11　零散构件工程量计算

■ **知识目标**
　◆ 掌握台阶构件的定义和绘制方法。
　◆ 掌握散水构件的定义和绘制方法。
　◆ 掌握坡道构件的定义和绘制方法。
　◆ 掌握上述构件工程量清单的编制和定额套取。

■ **能力目标**
　◆ 能够应用算量软件进行台阶、散水、坡道等构件的工程量计算。
　◆ 能够正确编制零散构件的工程量清单。
　◆ 能够正确对上述工程量套取定额。

任务 11.1　台阶工程量计算

11.1.1　台阶识图要点

　　审查汽车工程中心首层平面图、建筑设计总说明和节点构造详图，台阶一共有两处。第一处在建筑南侧 3 轴与 5 轴之间，台阶的有 3 级；第二处在建筑北侧 6 轴与 7 轴之间，台阶有 2 级。

11.1.2　南侧台阶的属性定义与绘制

　　1. TAIJ-1 的属性定义
　　（1）单击展开"模块导航栏"中"绘图输入"选项下的"其他"列表项，单击"台阶"选项，在右侧单击新建下拉菜单，选择"新建台阶"命令，软件自动命名新建的台阶为 TAIJ-1。
　　（2）在图 11-1 属性编辑框中输入台阶的相关属性，"材质"选择"砖"，"砂浆类型"选择为"混合砂浆"，强度为 M5.0，顶标高为层底标高，踏步个数为 3。
　　2. TAIJ-1 的绘制方法
　　（1）台阶的绘制方法如图 11-2 所示有多种，其中直线是以轴线的交点为中心或者构件的中心为起点通过直线的方式捕捉到另外一端的垂点来绘制台阶；三点画弧是用来绘制弧形台阶；矩形是通过拉框产生矩形其四边自动生成台阶。
　　（2）具体绘制操作过程：使用矩形方法来绘制台阶，首先需要通过识图确定好台阶构件绘制的起始位置，认识分析后确定以外墙和柱的交点为起始位置，通过偏移的方式输入正确的偏移量。然后确定好台阶的终点，设置好偏移量完成台阶绘制。
　　单击工具栏中的"设置台阶踏步边"按钮，选择"外侧三面为踏步边"命令，输入踏步

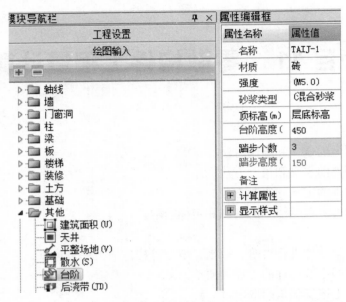

图 11-1　创建台阶 TAIJ-1 及属性设置

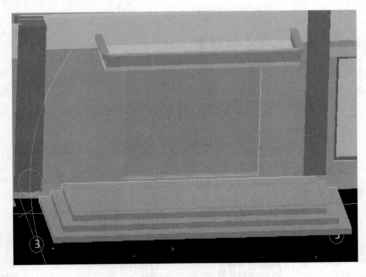

图 11-2　台阶的绘制方法

宽度为 300mm，台阶效果如图 11-3 所示。

图 11-3　TAIJ-1 绘制效果

11.1.3　北侧台阶的属性定义与绘制

1. TAIJ-2 的属性定义

（1）单击展开"模块导航栏"中"绘图输入"选项下的"其他"列表项，单击"台阶"选项，在右侧单击新建下拉菜单，选择"新建台阶"命令，软件自动命名创建的台阶为 TAIJ-2。

（2）在图 11-4 属性编辑框中输入台阶的相关属性，"材质"选择"砖"，"砂浆类型"选择为"混合砂浆"，强度为 M5.0，顶标高为层底标高，踏步个数为 2。

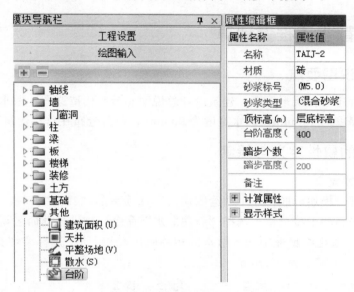

图 11-4　创建 TAIJ-2 及属性设置

2. TAIJ-2 的绘制方法

同样也使用矩形的绘制方法来绘制台阶 TAIJ-2，首先需要通过识图确定好台阶构件绘制的起始位置，认识分析后确定以外墙和柱的交点为起始位置，通过偏移的方式输入正确的偏移量。然后确定好台阶的终点，设置好偏移量完成台阶绘制。

单击工具栏中的"设置台阶踏步边"按钮，选择"外侧三面为踏步边"命令，输入踏步宽度为 300mm，台阶效果如图 11-5 所示。

11.1.4　台阶清单编制与定额套取

（1）选中 TAIJ-1，在绘图窗口界面单击工具栏中的"定义"按钮，然后单击构件列表右边的"添加清单"按钮，

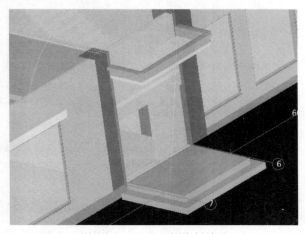

图 11-5　TAIJ-2 的绘制效果

展开清单编辑输入界面。

（2）在"查询匹配清单"中找到相匹配的清单项目，双击添加到工程量清单编辑栏中，输入清单项目的名称和项目特征。

编码	类别	项目名称
⊟ 010403008001	项	砖台阶
└── 3-1-27	定	M5.0砂浆砖台阶

图 11-6　3-1-27 定额套取

（3）在查询匹配定额中选择定额 3-1-27，双击添加到清单下面的定额子母中，完成定额的套取，如图 11-6 所示。

（4）用做法刷把 TAIJ-1 的做法复制到 TAIJ-2。

任务 11.2　散水工程量计算

11.2.1　散水识图要点

审查汽车工程中心首层平面图、建筑设计总说明和节点构造详图，散水材料使用的是细石混凝土，散水厚度为 100mm，散水宽度为 900mm，位置分布在首层建筑物外墙四周。

11.2.2　散水的属性定义与绘制

1. SS-1 的属性定义

（1）单击展开"模块导航栏"中"绘图输入"选项下的"其他"列表项，单击"散水"选项，在右侧单击新建下拉菜单，选择"新建散水"命令，软件自动命名新建散水为 SS-1。

（2）在图 11-7 属性编辑框中输入散水的相关属性，"材质"选择"细石混凝土"，散水厚度为 100mm，散水宽度为 900mm。

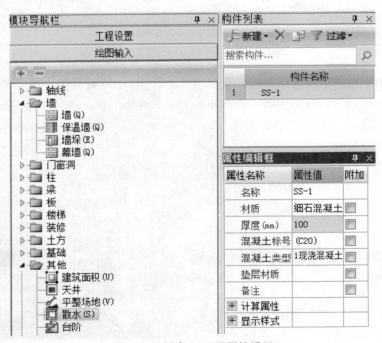

图 11-7　创建 SS-1 及属性设置

2. SS-1 的绘制方法

（1）散水的绘制方法如图 11-8 所示有多种，其中直线是以轴线的交点为中心或者构件的中心为起点通过直线的方式捕捉到另外一端的垂点来绘制；三点画弧是用来绘制弧形散水构件；矩形是通过拉框产生矩形其四边自动生成散水构件；智能布置是用封闭的外墙外边线快速绘制散水。

图 11-8　散水的绘制方法

（2）具体绘制操作过程：外墙在前面已经绘制完成，为了提高散水的绘制效率，使用"智能布置—外墙外边线"方法来绘制散水，首先需要确定外墙必须是封闭的，才能使用该项命令。

单击工具菜单中的检查外墙未封闭区域项目，完成未封闭区域的检测。如果有未封闭的局部区域，我们先补全外墙。使用智能布置命令，弹出如图 11-9 所示的对话框，设置散水宽度为 900mm。

单击"确定"按钮完成对散水构件的绘制，如图 11-10 所示。

图 11-9　散水宽度设置对话框

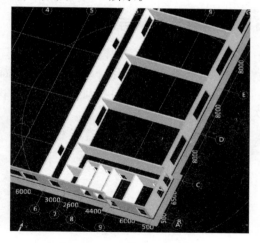

图 11-10　散水构件绘制效果

11.2.3　散水的工程量清单编制与定额套取

（1）选中 SS-1，在绘图窗口界面单击工具栏中的"定义"按钮，然后单击构件列表右边的"添加清单"按钮，展开清单编辑输入界面。

（2）在"查询匹配清单"中找到相匹配的清单项目，双击添加到上面工程量清单编辑栏中，输入清单项目的名称为散水，并且输入项目特征。

（3）在"查询匹配定额"中选择定额 8-7-51，双击添加到清单下面的定额子母中，完成定额的套取，如图 11-11 所示。

编码	类别	项目名称
─ 010507001001	项	散水
└ 8-7-51	定	细石混凝土散水3:7灰土垫层

图 11-11　8-7-51 定额套取

任务 11.3　坡道工程量计算

11.3.1　计算规则

在山东省定额工程量计算规则和全国 2013 版清单计算规则中,坡道工程量按"水平投影面积"计算。

在广联达软件中没有坡道构件的定义,按"板面积"进行计算坡道的工程量。坡道面层工程量,均按其水平投影面积计算。可以利用"台阶"构件代替绘制计算坡道的工程量;如为螺旋坡道时,可以利用"螺旋板"构件代替绘制计算。

11.3.2　操作过程

用自定义面构件来代替坡道构件,在"绘图输入"选项中单击"自定义"列表项,单击"自定义面"选项。单击新建下拉菜单,选择"自定义面"命令,软件自动生成 ZDYM-1 构件。可以用矩形方法绘制完成构件。

坡道一共有三处,建筑物北侧有两处,西侧有一处。具体尺寸请查看建筑一层平面图。

11.3.3　坡道清单编制与定额套取

(1)选中 ZDYM-1,在绘图窗口界面单击工具栏中的"定义"按钮,然后单击构件列表右边的"添加清单"按钮,展开清单编辑输入界面。

(2)在"查询匹配清单"中找到相匹配的清单项目,双击添加到上面工程量清单编辑栏中,输入清单项目的名称和项目特征。

(3)在"查询匹配定额"中选择定额 8-7-53,双击添加到清单下面的定额子母中,完成定额的套取,如图 11-12 所示。

编码	类别	项目名称
— 010507001002	项	坡道
└ 8-7-53	定	混凝土坡道100灰土垫层3:7

图 11-12　8-7-53 定额套取

任务 11.4　台阶、散水、坡道工程量报表预览

1. 清单汇总表(表 11-1)

表 11-1　清单汇总表

序号	编码	项目名称	单位	工程量
1	010403008001	砖台阶	m³	7.2936
2	010507001001	散水	m²	159.7325
3	010507001002	坡道	m²	75.6

2. 清单定额汇总表（表 11-2）

表 11-2　清单定额汇总表

序号	编码	项目名称	单位	工程量
1	010403008001	砖台阶	m³	7.2936
	3-1-27	M5.0 砂浆砖台阶	10m³	0.7294
2	010507001001	散水	m²	159.7325
	8-7-51	细石混凝土散水 3：7 灰土垫层	10m²	15.9733
3	010507001002	坡道	m²	75.6
	8-7-53	混凝土坡道 100 灰土垫层 3：7	10m²	7.56

3. 构件做法汇总表（表 11-3）

表 11-3　构件做法汇总表

编码	项目名称	单位	工程量	表达式说明
绘图输入→首层				
一、散水 SS-1				
010507001001	散水	m²	159.7325	MJ〈面积〉
8-7-51	细石混凝土散水 3：7 灰土垫层	10m²	15.9733	MJ〈面积〉
二、台阶 TAIJ-1				
010403008001	砖台阶	m³	7.2936	TJ〈体积〉
3-1-27	M5.0 砂浆砖台阶	10m³	0.7294	TJ〈体积〉
三、坡道 ZDYM-1				
010507001002	坡道	m²	75.6	MJ〈面积〉
8-7-53	混凝土坡道 100 灰土垫层 3：7	10m²	7.56	MJ〈面积〉

项目 12　措施费工程量计算

■ **知识目标**

◆ 掌握外脚手架工程量的计算方法。

◆ 掌握里脚手架工程量的计算方法。

◆ 掌握模板及其超高工程量的计算方法。

◆ 掌握垂直运输工程量的计算方法。

◆ 掌握上述措施费工程量清单编制和定额套取。

■ **能力目标**

◆ 能够应用算量软件进行措施费项目工程量的计算。

◆ 能够对措施费编制工程量清单。

任务 12.1　外脚手架工程量计算

（1）切换到首层选择外墙构件，单击工具栏中"定义"按钮切换到清单编辑窗口。利用外墙构件来计算外脚手架工程量。

（2）单击"添加清单"按钮，在下面的"查询清单库"中找到外脚手架清单项目，利用首层外墙的长度乘以整个建筑檐口的高度 9.8m，来计算出汽车工程中心的外脚手架工程量，如图 12-1 所示。

011701002001	项	外脚手架	m²	YSCD*9.8
10-1-5	定	双排外钢管脚手架15m内	m²	YSCD*9.8

图 12-1　外脚手架工程量的计算

（3）在"查询定额库"中找到 10-1-5，双排外钢管脚手架 15m 内，套取定额。定额的工程量计算表达式同清单计算方式。

任务 12.2　里脚手架工程量计算

（1）切换到首层选择内墙构件，单击工具栏中的"定义"按钮切换到清单编辑窗口。

（2）单击"添加清单"按钮，在"查询清单"库中找到里脚手架清单项目，利用内墙脚手架面积来计算首层里脚手架工程量，如图 12-2 所示。

011701003001	项	里脚手架	m²	NQJSJMJ
10-1-19	定	单排里木脚手架6m内	m²	NQJSJMJ

图 12-2　首层里脚手架工程量的计算

（3）在"查询定额库"中找到 10-1-19，单排里木脚手架 6m 内，套取定额。定额的工程量计算表达式同清单计算方式。

（4）用格式刷把上述做法复制到 2 层即可，注意使用追加的方式。

任务 12.3　梁模板与支撑工程量计算

（1）切换到首层选择 L-1 构件，单击工具栏中的"定义"按钮切换到清单编辑窗口。

（2）单击"添加清单"按钮，在下面的"查询清单库"中找到梁模板清单项目，在工程量表达式中选择模板面积，在"查询定额库"中找到 10-4-113，如图 12-3 所示，单梁连续梁复合木模板木支撑，完成定额的套取。

041102013001	项	梁模板		m²	MBMJ	MBMJ〈模板面积〉
10-4-113	定	单梁连续梁复合木模板木支撑		m²	MBMJ	MBMJ〈模板面积〉
041102013002	项	梁模板		m²	CGMBMJ	CGMBMJ〈超高模板面积〉
10-4-131	定	梁木支撑高超过 3.6m 每增 3m		m²	CGMBMJ	CGMBMJ〈超高模板面积〉

图 12-3　10-4-113 工程量计算

（3）单击"添加清单"按钮，在"查询清单库"中找到梁模板清单项目，清单编号后三位改成 002，在工程量表达式中选择超高模板面积，在"查询定额库"中找到 10-4-131，梁木支撑高超过 3.6m，套取定额。

（4）用格式刷把上述编制完成的做法复制到首层和 2 层其他梁即可，注意使用追加的方式。

任务 12.4　楼板模板与支撑工程量计算

（1）切换到首层选择 XB-1 构件，单击工具栏中的"定义"按钮切换到清单编辑窗口。

（2）单击"添加清单"按钮，在"查询清单库"中找到现浇板模板清单项目，在工程量表达式中选择底面模板面积，在"查询定额库"中找到 10-4-158，有梁板复合木模板钢支撑，完成定额的套取，如图 12-4 所示。

041102014001	项	板模板		m²	MBMJ	MBMJ〈底面模板面积〉
10-4-158	定	有梁板复合木模板钢支撑		m²	MBMJ	MBMJ〈底面模板面积〉
041102014002	项	板模板		m²	CGMBMJ	CGMBMJ〈超高模板面积〉
10-4-176	定	板钢支撑高>3.6m 每增 3m		m²	CGMBMJ	CGMBMJ〈超高模板面积〉

图 12-4　10-4-158 定额套取

（3）单击"添加清单"按钮，在"查询清单"库中找到现浇板模板清单项目，清单编号后三位改成 002，在工程量表达式中选择超高模板面积，在"查询定额库"中找到 10-4-176，钢支撑高超过 3.6m，完成定额的套取。

（4）用格式刷把上述编制完成的做法复制到首层和 2 层其他现浇板即可，注意使用追加的方式。

任务 12.5　柱模板与支撑工程量计算

方法跟上面所述相同，用格式刷把上述编制完成的做法复制到首层和 2 层其他柱即可，注意使用追加的方式。

完成后如图 12-5 所示。

011702002001	项	矩形柱	m²	MBMJ	MBMJ〈模板面积〉
10-4-87	定	矩形柱复合木模板木支撑	m²	MBMJ	MBMJ〈模板面积〉
011702002002	项	矩形柱	m²	CGMBMJ	CGMBMJ〈超高模板面积〉
10-4-101	定	构造柱复合木模板木支撑	m²	CGMBMJ	CGMBMJ〈超高模板面积〉

图 12-5　柱的定额套取

任务 12.6　垂直运输工程量计算

（1）单击展开"模块导航栏"中"绘图输入"选项下的"其他"列表项，单击"建筑面积构件"选项，在右侧新建建筑面积软件自动生成 JZMJ-1。

（2）给汽车工程中心编制垂直运输的工程量清单，套取相应定额项目，如图 12-6 所示，注意工程量表达式直接输入建筑设计总说明中的建筑总面积 3205m²。

编码	类别	项目名称	项目特征	单位	工程量表达式
011703001001	项	垂直运输		m²	3205
10-2-6	定	20m内建筑现浇结构垂直运输		m²	3205

图 12-6　垂直运输的工程量清单

任务 12.7　措施费工程量报表预览

措施费工程量报表预览如图 12-1 所示。

表 12-1　措施费工程量报表

序号	编码	项目名称	单位	工程量
1	011701002001	外脚手架	m²	1810.06
	10-1-5	双排外钢管脚手架 15m 内	10m²	181.006
2	011701003001	里脚手架	m²	1856.992
	10-1-19	单排里木脚手架 6m 内	10m²	185.6992
3	011702002001	矩形柱模版	m²	895.0708
	10-4-87	矩形柱复合木模板木支撑	10m²	97.443
4	011702002002	矩形柱超高	m²	201.3062
	10-4-101	构造柱复合木模板木支撑	10m²	25.869

续表

序号	编码	项目名称	单位	工程量
5	041102013001	梁模板	m²	2805.929
	10-4-113	单梁连续梁复合木模板木支撑	10m²	303.6394
6	041102013002	梁模板超高	m²	879.1336
	10-4-131	梁木支撑高超过 3.6m 每增 3m	10m²	89.2708
7	041102014001	板模板	m²	1928.4654
	10-4-158	有梁板复合木模板钢支撑	10m²	193.6631
8	041102014002	板模板超高	m²	1933.3434
	10-4-176	板钢支撑高>3.6m 每增 3m	10m²	194.1638
9	011703001001	垂直运输	m²	3205
	10-2-6	20m 内建筑现浇结构垂直运输	10m²	320.5

项目 13　装饰工程量计算

任务 13.1　装饰算量软件应用简单介绍

13.1.1　楼梯间走廊装饰为例

识图基本构造：300 厚 3∶7 灰土夯实；60 厚 C15 混凝土垫层；30 厚 1∶3 干硬性水泥砂浆找平层；20 厚花岗岩地面。

13.1.2　装饰构件的属性定义与绘制

1. 房间构件 FJ-1 的属性定义

（1）单击展开"模块导航栏"中"绘图输入"选项下的"装饰"列表项，单击"房间"选项，在右侧单击新建下拉菜单，选择"新建房间"命令，软件自动命名新建房间为 FJ-1。

（2）把 FJ-1 的名称修改为楼梯间及走廊。

2. 楼地面构件 DM-1 的属性定义

单击展开"模块导航栏"中"绘图输入"选项下的"装饰"列表项，单击"楼地面"选项，在右侧单击新建下拉菜单，选择"新建楼地面"命令，软件自动命名新建楼地面为 DM-1 如图 13-1 所示。

3. 墙面构件和顶棚构件的属性定义

单击展开"模块导航栏"中"绘图输入"选项下的"装饰"列表项，单击"楼墙面"选项，在右侧单击新建下拉菜单，选择"新建内墙面"命令，设置好所附墙材质为砌块以及其他属性，如图 13-2 所示。

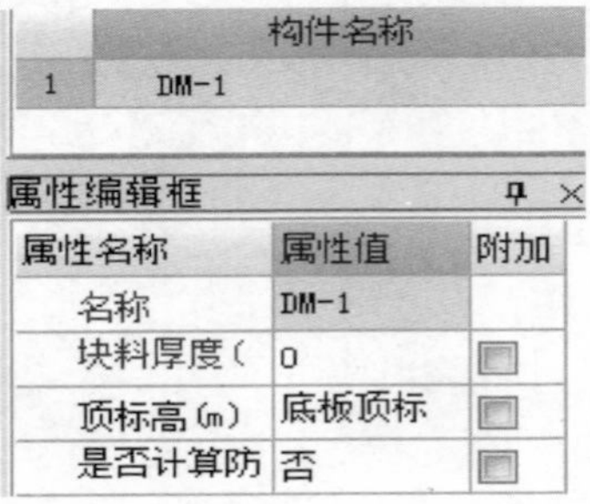

图 13-1　创建 DM-1

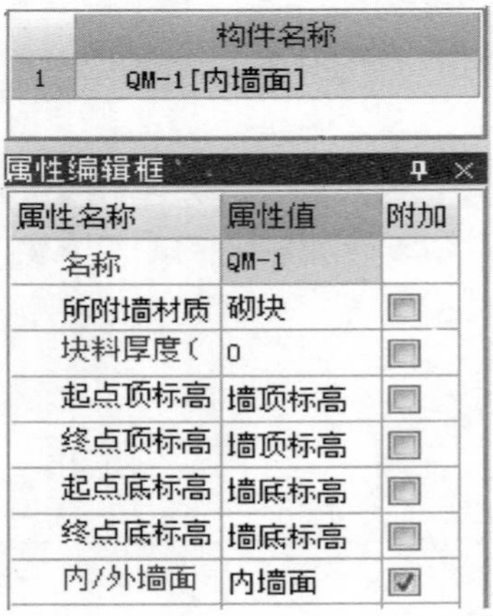

图 13-2　创建 QM-1 及属性设置

4. 房心回填构件的属性定义

根据前面识图要点，楼梯间及走廊回填土为 300 厚 3：7 灰土，在这里我们顺便可以用房心回填构件计算房心回填土的工程量。

13.1.3 依附构件的使用方法

（1）单击前面定义好的房间构件，展开构建列表、构件类型等界面。

（2）在"构建类型"里面选择刚才新建的楼地面 DM-1 构件，然后单击右侧"添加依附构件"按钮，DM-1 便成为了房间构建的依附构件，以后依照绘制房间，DM-1 就会依附于房间构件自动绘制完成，如图 13-3 所示。

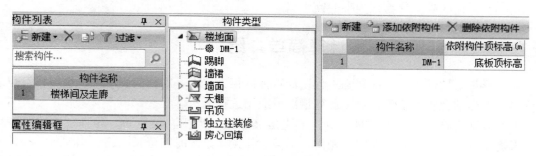

图 13-3 创建依附构件

（3）按照同样的方法把前面定义好的墙面构件、顶棚构件、房心回填构件依次操作为房间的依附构件，如图 13-4 所示。

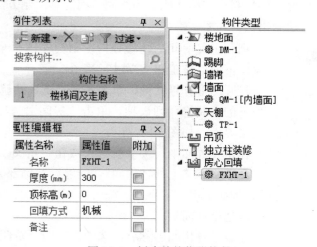

图 13-4 创建其他依附构件

13.1.4 装饰构件工程量清单的编制与定额套取

1. DM-1 的清单编制与定额套取

按照之前讲解的有关工程量清单编制方法和图纸的构造做法对楼梯间走廊地面编清单和套取定额，如图 13-5 所示。

	编码	类别	项目名称	项目特征	单位	工程里表达式
1	011102001001	项	石材楼地面	花岗岩地面，60厚C15混凝土垫层	m²	DMJ
2	2-1-13	定	C154现浇无筋混凝土垫层		m³	DMJ*0.06
3	9-1-1	定	1:3砂浆硬基层上找平层20mm		m²	DMJ
4	9-1-3	定	1:3砂浆找平层±5mm		m²	DMJ*2
5	9-1-51	定	水泥砂浆花岗岩楼地面		m²	KLDMJ

图 13-5   楼梯间走廊地面的清单和套取定额

2. 房间内其他构件工程量清单编制

方法同上，注意工程量表达式的应用。

任务 13.2   装饰工程量计算简单介绍

在图形算量软件中，装饰装修工程量计算占据很大比率，如何实现准确、快捷计算也非常重要。下面结合实例工程，对图形算量部分应用进行分析。

工程装饰装修部分的工程量计算，要先定义墙面、天棚、楼地面、踢脚、墙裙等各构件，再逐项进行绘制。而这样定义操作，不但会使预算绘图时间延长，还会出现有些构件不能绘制的情况。例如，定义踢脚的时候会碰到面砖踢脚和水泥砂浆踢脚两种情况，这两种踢脚分别对应着不同的楼地面：面砖踢脚是对应面砖楼地面的踢脚，水泥砂浆踢脚是对应细石混凝土、水泥砂浆楼地面的踢脚。踢脚是依附墙面进行绘制的，面对同一墙体穿过两个不同地面的踢脚绘制这种情况，要打断该墙体才能正确绘制，而这种绘制方法不但会出现许多被打断的墙体，还会增大绘制错误的几率。

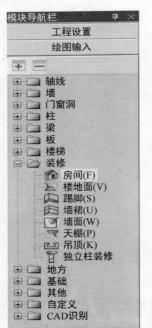

图 13-6   "房间"选项

利用定义房间的装修分析，则会实现事半功倍，达到很好的效果，下面以该工程实操进行演示：

打开图形算量软件，单击展开"模块导航栏"中"绘图输入"选项下的"装修"列表项，单击"房间"选项，然后单右击键进入定义界面，如图 13-6 所示。

在定义界面中，按"新建"按钮，定义房间。这里的房间并不只是严格意义上的"房间"，能够做装饰部分的均可以称为"房间"，例如厨房、卫生间、阳台、入口大厅、电梯厅、地下室各房间、其他楼地面等。

在定义各房间名称后，选中该房间，右侧会出现"构建类型"表，包括楼地面、踢脚、墙裙、墙面、天棚、吊顶等。这些构件就是在装饰计算过程中经常涉及的问题。然后要对这些构件进行"新建"，这些不同形式装修做法的定义和平时定义楼地面等构件的做法是一样的。

如果在各构件已经进行了定义，房间装饰时就不用重新定义各房间构件。可以在右侧"构建名称"下拉菜单中，选择相应选项即可，如图 13-7 所示。

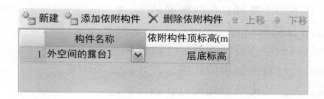

图 13-7

装饰房间绘制的过程中，会经常遇到一类问题，就是这两部分房间没有进行封闭，因此不能绘制，比如本工程中的楼梯和电梯厅因踢脚不同而定义不同，此时需要用虚墙进行分割，然后分别绘制。

在整个工程装修部分的分析中，大部分均可以用"房间"进行处理。而外墙面的涂料装修部分，用智能绘制即可定义。

13.2.1 楼地面工程计算规则

1. 相关知识

楼地面是指楼面和地面，其主要构造层次一般为基层、垫层和面层，必要时可增设填充层、隔离层、找平层、结合层等。楼地面各构造层次的材料种类及其作用如下：

① 基层：指楼板、夯实土基。

② 垫层：指承受地面荷载并均匀传递给基层的构造层。

③ 填充层：指在建筑楼地面上起隔声、保温、找坡或敷设暗管、暗线等作用的构造层。

④ 隔离层：指起防水、防潮作用的构造层。

⑤ 找平层：指在垫层、楼板或填充层上起找平、找坡或加强作用的构造层，一般为水泥砂浆找平层。

⑥ 结合层：是指面层与下层相结合的中间层。

⑦ 楼地面面层：按使用材料和施工方法的不同分为整体面层和块料面层。

2. 楼地面工程分部说明

楼地面工程分部包括整体面层、块料面层、橡塑面层、其他材料面层、踢脚线、楼梯装饰，扶手、栏杆、栏板装饰，台阶装饰及零星装饰等项目内容。

适用于楼地面、楼梯、台阶等装饰工程。

（1）垫层、找平层、防水层的项目特征包括材料种类、厚度、砂浆配合比等内容。

（2）面层的项目特征包括面层材料品种、规格、颜色、嵌缝材料种类、防护材料种类、酸洗、打蜡要求等内容。

（3）踢脚线的项目特征包括其高度、底层和面层材料的品种、规格、配合比等内容。

（4）扶手、栏杆、栏板的项目特征包括材料种类、规格、品种、颜色、固定配件种类、油漆等内容。

（5）扶手、栏杆、栏板适用于楼梯、阳台、走廊、回廊及其他装饰性扶手、栏杆、栏板。

（6）单跑楼梯不论其中间是否有休息平台，其工程量与双跑楼梯同样计算。

（7）包括垫层的地面和不包括垫层的楼面应分别计算工程量。

（8）零星装饰项目适用于楼梯、台阶侧面装饰、0.5m² 以内少量分散的楼地面装饰。

3．楼地面分部工程计算规则

（1）整体面层和块料面层按设计图示尺寸以面积计算。

（2）橡塑面层和其他材料面层按设计图示尺寸以面积计算。

（3）踢脚线按设计图示长度乘以高度以面积计算。

（4）楼梯装饰按设计图示尺寸以楼梯水平投影面积计算。

（5）扶手、栏杆、栏板装饰按设计图示尺寸以扶手中心线长度（包括弯头长度）计算。

（6）台阶装饰按设计图示尺寸以台阶（包括最上层踏步边沿加 300mm）水平投影面积计算。

（7）零星装饰项目按设计图示尺寸以面积计算。

13.2.2　墙柱面工程计算规则

1．相关知识

墙面装修按材料和施工方法不同分为抹灰、贴面、涂刷和裱糊四类。抹灰分为一般抹灰和装饰抹灰。

块料饰面板包括石材饰面板、陶瓷面砖、玻璃面砖、金属饰面板、塑料饰面板、木质饰面板等。

抹面层是指一般抹灰的普通抹灰、中级抹灰、高级抹灰的面层。装饰抹面是指装饰抹灰的面层。

墙、柱面块料饰面施工一般分为粘贴法和安装法。常见的安装法有挂贴方式和干挂方式。

2．墙柱面工程分部说明

墙柱面工程分部主要包括（墙面、柱面、零星）抹灰、（墙面、柱面、零星）镶贴块料、墙饰面、柱（梁）饰面、隔断、隔墙、幕墙等工程，适用于一般抹灰、装饰抹灰工程。

（1）墙、柱面和零星抹灰的项目特征包括墙柱面类型、砂浆配合比、厚度、饰面材料种类、分格缝的宽度、材料种类等内容。

（2）墙柱面勾缝的项目特征包括墙体类型、勾缝类型、勾缝材料种类等内容。

（3）墙、柱面和零星镶贴块料的项目特征包括墙、柱类型，砂浆配合比、厚度，安装方式，面层材料的品种、规格、品牌、颜色，防护材料、磨光、酸洗、打蜡要求等内容。

（4）墙、柱饰面的项目特征包括墙柱类型、底层厚度、砂浆配合比、龙骨、隔离层、基层、面层材料种类和规格、防护材料及油漆种类等内容。

（5）隔断的项目特征包括骨架、边框材料种类、规格，隔板材料品种、规格、颜色，嵌缝、塞口材料的品种，压条、防护材料、油漆的种类等内容。

（6）幕墙的项目特征包括骨架材料的种类、规格、中距，面层材料的品种、规格、颜色、固定方式，嵌缝、塞口材料的种类等内容。

（7）嵌缝材料指嵌缝砂浆、油膏和密封胶等材料；防护材料指石材等防碱背涂处理剂和面层防酸涂剂等；基层材料指在面层内的底层材料，如木墙裙、木护墙、木板隔墙等，在龙骨上粘贴或铺钉一层加强面层的底板。

（8）墙体类型指砖墙、石墙、混凝土墙、砌块墙及内墙、外墙等；勾缝类型指清水砖墙、砖柱的加浆勾缝，如平缝和凹缝，石墙、石柱的勾缝，如平缝、平凹缝、平凸缝、半圆凹缝、半圆凸缝和三角凸缝等。

（9）带肋全玻璃幕墙是指玻璃幕墙带玻璃肋，玻璃肋的工程量应合并在玻璃幕墙内计算。

（10）零星抹灰和零星镶贴块料面层项目适用于小面积（0.5m² 以内）少量分散的抹灰和镶贴块料面层。

（11）设置在隔断、幕墙上的门窗，可包括在隔墙、幕墙项目报价内，也可单独编码列项，并在清单项目中进行描述。

3. 墙柱面分部工程量计算规则

（1）墙面。

① 墙面抹灰按设计图示尺寸以面积计算。

② 墙面镶贴块料按设计图示尺寸以面积计算，其中干挂石材钢骨架按设计图示尺寸以质量计算。

③ 墙饰面按设计图示墙净长乘以净高以面积计算。

（2）柱面。

① 柱面抹灰按设计图示柱断面周长乘以高度以面积计算。

② 柱面镶贴块料按设计图示尺寸以面积计算。

③ 柱（梁）饰面按设计图示饰面外围尺寸以面积计算，柱帽、柱墩并入相应柱饰面工程量内计算。

（3）零星抹灰、镶贴块料按设计图示尺寸以面积计算。

（4）隔断按设计图示框外围尺寸以面积计算。

（5）幕墙。

① 带骨架幕墙按设计图示框外围尺寸以面积计算。

② 全玻璃幕墙按设计图示尺寸以面积计算，带肋全玻璃幕墙按展开面积计算。

13.2.3　天棚工程计算规则

1. 天棚抹灰

按设计图示尺寸以水平投影面积计算。不扣除间壁墙、垛、柱、附墙烟囱、检查口和管道所占的面积，带梁天棚、梁两侧抹灰面积并入天棚面积内，板式楼梯底面抹灰按斜面积计算，锯齿形楼梯底板抹灰按展开面积计算。

2. 天棚吊顶

按设计图示尺寸以水平投影面积计算。天棚面中的灯槽、跌级、锯齿形、吊挂式、藻井式展开增加的面积不另计算，不扣除间壁墙、检查洞、附墙烟囱、柱垛和管道所占面积，扣除单个 0.3m² 以外的孔洞、独立柱及与天棚相连的窗帘盒所占的面积。

附录　广联达钢筋算量（GGJ）软件简介

任务1　图形算量文件的导入

1.1　钢筋算量软件介绍

广联达钢筋算量软件基于国家规范和平法标准图集（16G），采用绘图方式，整体考虑构件之间的扣减关系，辅助以表格输入，解决工程造价人员在招投标、施工过程提量和结算阶段钢筋工程量的计算问题。自动考虑构件之间的关联和扣减，使用者只需要完成绘图并输入钢筋标注即可实现钢筋量计算。内置计算规则并可修改，计算过程有据可依，便于查看和控制，满足多种算量需求。报表种类齐全，满足各阶段、多方面需求。软件还有助于学习和应用平法，降低了钢筋算量的难度，大大提高了工作效率。

1.2　图形算量-汽车工程中心.GCL文件的导入

（1）打开广联达钢筋算量软件，按照新建向导完成基本设置，尤其注意工程设置里面的楼层信息要跟汽车工程中心.GCL的楼层信息保持一致，否则在钢筋算量软件环境中导入图形算量文件会出现问题。

（2）单击"文件"菜单中的"导入图形工程"命令，然后选择所要导入的楼层和构件，单击"确定"按钮，完成导入，如图1所示。

图1　导入后效果图

任务2　梁构件的钢筋算量

2.1　集中标注钢筋信息（以F轴KL-20为例）

（1）选择KL-20构件图元，在属性编辑窗口中输入框架梁尺寸信息240×700，以及跨数信息为 3 跨。

（2）集中标注钢筋信息上部通长筋标注为 2C18，表示框架梁上部为 2 根直径为 18 的三级钢筋 HRB400。

（3）集中标注信息箍筋标注为 A8@100/150（2），表示箍筋为直径为 8 的一级钢筋，加密区间距为 100，非加密区间距为 150，二肢箍。

（4）腰筋标注为 G4A12，表示构造钢筋为直径为 12 的一级钢筋，两侧一共 4 根，如果标准为 N4B16 表示扭筋为直径为 16 的二级钢筋。

如图 2 所示。

	属性名称	属性值	附加
1	名称	KL-20	
2	类别	楼层框架梁	☐
3	截面宽度(mm)	240	☐
4	截面高度(mm)	700	☐
5	轴线距梁左边线距离(mm)	(120)	☐
6	跨数量	3	☐
7	箍筋	Φ8@100/150(2)	☐
8	肢数	2	
9	上部通长筋	2Φ18	☐
10	下部通长筋		☐
11	侧面构造或受扭筋(总配筋值)	G4Φ12	☐
12	拉筋	(Φ6)	☐
13	其他箍筋		

图 2　KL-20 属性设置

2.2　原为标注钢筋信息

单击工具栏中的"原位标注"按钮进入原位标注钢筋信息的输入，框架梁原位标注具体操作以及柱、板、楼梯钢筋标注详见《工程造价钢筋算量软件应用》。

参考文献

［1］ 张晓敏，李社生．建筑工程造价软件应用［M］．北京：中国建筑工业出版社，2013.

［2］ 周怡安，岳世宏．工程造价软件应用［M］．上海：上海交通大学出版社，2015.

［3］ 张晓丽，谢根生．工程造价软件及应用［M］．成都：西南交通大学出版社，2013.

［4］ 建设工程工程量清单计价规范 GB 50500—2013．北京：中国计划出版社，2013.